BIBLIOTHÈQUE DES ACTUALITÉS INDUSTRIELLES. N° 123

Robert MARIE

# Manuel de l'Apprenti et de l'Amateur Électricien

QUATRIÈME PARTIE

## TRACTION ÉLECTRIQUE

### Tramways & Chemins de fer

PARIS

Librairie Bernard TIGNOL

PUBLICATIONS DE LA

LIBRAIRIE de l'ÉCOLE CENTRALE des ARTS et MANUFACTURES

53 *bis*, quai des Grands-Augustins, 53 *bis*

# MANUEL
DE
# L'APPRENTI ET DE L'AMATEUR ÉLECTRICIEN

IV

EMILE COLIN ET Cie — IMPRIMERIE DE LAGNY

BIBLIOTHÈQUE DES ACTUALITÉS INDUSTRIELLES — N° 123

# MANUEL
DE
# L'APPRENTI ET DE L'AMATEUR ÉLECTRICIEN

QUATRIÈME PARTIE

## LA TRACTION ÉLECTRIQUE

TRAMWAYS ET CHEMINS DE FER

PAR

ROBERT MARIE

FIGURES 286 A 317

PARIS
LIBRAIRIE BERNARD TIGNOL
PUBLICATIONS DE LA
*Librairie de l'École Centrale des Arts et Manufactures*
53 *bis*, QUAI DES GRANDS-AUGUSTINS, 53 *bis*

# LA TRACTION ÉLECTRIQUE

## TRAMWAYS ET CHEMINS DE FER

## CHAPITRE PREMIER

### GÉNÉRALITÉS SUR LA TRACTION ÉLECTRIQUE

**1. Différents modes de traction électrique.** — On peut distinguer trois systèmes principaux de traction électrique :

1° La traction par courant provenant d'une source extérieure en communication permanente avec le véhicule ;

2° La traction par accumulateurs ;

3° La traction par courant produit sur le véhicule lui-même.

Le premier et le deuxième mode de locomotion sont seuls employés actuellement pour les exploitations importantes ; quant au troisième, il a donné lieu à de nombreux essais, mais les résultats n'ont pas été assez concluants pour justifier la généralisation de ce système.

**2. Effort et puissance de traction.** — Quel que soit le mode de traction employé, tout véhicule exige, pour se déplacer, un certain travail résultant de son poids M et de la résistance au roulement ou *effort de traction* F, qui varie suivant le profil et l'état de la voie et que l'on exprime en kilogrammes par rapport à l'unité de poids qui, dans ce cas, est d'une tonne ou 1.000 kilos. Ainsi, dans les tramways, l'effort de traction est en moyenne de 10 à 12 kilos par tonne sur une voie en palier et en alignement droit, convenablement entretenue.

L'effort de traction total rapporté à la vitesse V du véhicule constitue la *puissance de traction*, qui est donc égale à :

$$P = FMV$$

En divisant cette expression par 75 on obtient la puissance en chevaux-vapeur.

Ainsi, la puissance nécessaire pour entretenir la marche d'un tramway pesant 10 tonnes à une vitesse de 4 mètres par seconde (14,4 kilomètres à l'heure) et nécessitant un effort de traction de 12 kilos, sera de :

$$\frac{12 \times 10 \times 4}{75} = 6{,}4 \text{ chevaux-vapeur}$$

Mais la valeur de cette puissance augmente considérablement au moment du démarrage du véhicule ou dans les rampes et courbes.

**3. Démarrages.** — L'effort de traction supplémentaire exigé pour la mise en vitesse du véhicule dépend de la durée du démarrage et de la vitesse obtenue à la fin de celui-ci ; sa valeur est, pour une tonne, de :

$$F' = \frac{1.000 \times V}{2 \times 9{,}81 \times T} = 51 \times \frac{V}{T}$$

1.000 étant le nombre de kilos compris dans une tonne ; 9,81, le coefficient d'accélération ; V, la vitesse à la fin du démarrage et T, le temps employé pour celui-ci.

Quant à la puissance de traction, sa valeur est égale au produit de la constante 51 par le carré de la vitesse.

$$P' = 51 \times V^2$$

La puissance supplémentaire, pour une seconde, sera donc de :

204 kgm par seconde pour une vitesse de 2 mètres par seconde à la fin du démarrage ;

459 kgm. par seconde pour une vitesse de 3 mètres par seconde à la fin du démarrage ;

816 kgm. par seconde pour une vitesse de 4 mètres par seconde à la fin du démarrage ;

1.275 kgm. par seconde pour une vitesse de 5 mètres par seconde à la fin du démarrage ;

1.836 kgm. par seconde pour une vitesse de 6 mètres par seconde à la fin du démarrage, etc.

Cette puissance sera d'autant plus petite que le démarrage sera lent.

Ainsi, dans l'exemple précédent, si le véhicule de 10 tonnes met 10 secondes à atteindre sa vitesse de 4 mètres par seconde, la puissance supplémentaire sera de :

$$\frac{M \times P'}{T} = \frac{10^{t} \times 816 \text{ kgm. s.}}{10^{s}} = 816 \text{ kgm. s.}$$

ou 10,88 chevaux-vapeur qui, ajoutés aux 6,40 chevaux nécessaires pour entretenir la vitesse, nous donneront un total de :

$$6,40 + 10,88 = 17,28 \text{ chevaux-vapeur.}$$

On voit donc que, dans ce cas, la puissance est presque triple au démarrage.

**4. Rampes et courbes.** — L'énergie supplémentaire nécessaire pour gravir une rampe dépend de l'inclinaison de celle-ci ; elle est d'autant de kilos par tonne qu'il y a de millimètres par mètre d'élévation dans la rampe.

Par exemple, si nous supposons que notre tramway doive franchir une rampe de 3 millimètres par mètre, l'effort de traction sera augmenté d'une valeur : $x = 3$ kilos.

La puissance totale consommée sera donc :

$$P = (F + x)\, M\, V = (12 + 3) \times 10 \times 4 = 600 \text{ kgm. s.}$$

ou :

$$\frac{600}{75} = 8 \text{ chevaux-vapeur}$$

Le passage dans les courbes présente une résistance d'autant plus grande que le rayon de cette courbe R est plus petit ; on a déterminé pratiquement cette résistance et on a trouvé que l'effort supplémentaire nécessaire était de :

$$\frac{370}{R - 10}$$

La puissance consommée pour franchir une courbe de 30 mètres de rayon, par exemple, sera donc de :

$$P = \left(F + \frac{370}{R - 10}\right) MV$$
$$= (12 + 18{,}5) \times 10 \times 4 = 1.220 \text{ kgm. s.}$$

ou :

$$\frac{1220}{75} = 16{,}26 \text{ chevaux-vapeur}$$

S'il s'agit d'une rampe en courbe, la formule devient naturellement :

$$P = \left(F + x + \frac{370}{R - 10}\right) MV$$

**5. Variation de la puissance de traction suivant la vitesse.** — Dans la formule : $P = FMV$, donnant la valeur de la puissance de traction en palier, nous avons supposé que celle-ci était proportionnelle à la vitesse, mais il n'en est pas ainsi en pratique.

En effet, par suite de la résistance de l'air, la puissance croît beaucoup avec la vitesse et elle dépend de la section de la voiture.

Il résulte d'expériences faites à ce sujet, que pour une voiture de 10 tonnes d'une section de 7 mètres carrés, la puissance totale nécessaire, y compris celle absorbée par la résistance de l'air, est de :

| | | | | |
|---|---|---|---|---|
| 3,64 | chevaux-vapeur | pour une vitesse de | 8 | kilom. à l'heure |
| 7,20 | — | — | 15 | — |
| 10,16 | — | — | 20 | — |
| 13,61 | — | — | 25 | — |
| 17,65 | — | — | 30 | — |
| 23,46 | — | — | 36 | — |
| 39,02 | — | — | 48 | — |
| 49,20 | — | — | 54 | — |

Ces chiffres s'appliquent naturellement à une voie en palier et par un temps calme.

**6. Valeur de l'effort de traction suivant les divers types de rails.** — Nous avons admis comme valeur de l'effort de traction 10 à 12 kilos par tonne, mais cette valeur est très variable et dépend de l'état de la voie et de la forme des rails.

Les deux types principaux employés en France, pour les tramways, sont les rails à gorge (Broca) et les rails à champignon (Vignole).

On utilise les premiers (fig. 286) pour la traversée des villes de façon qu'aucune saillie ne puisse gêner la circulation des voitures, tandis que l'emploi des rails Vignole (fig. 287) est réservé pour les tramways suburbains, dont la voie est généralement disposée en accotement des routes.

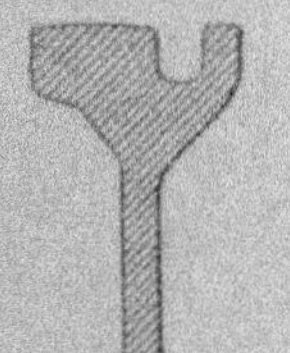

Fig. 286.

Fig. 287.

Or, la résistance au roulement est plus élevée dans les rails Broca que dans ceux à champignon, parce que les rainures s'emplissent rapidement de boues et de gravats ; en outre, les surfaces de frottement des boudins sont augmentées de la partie formant contre-rail, d'autant plus que l'ouverture de gorges est assez faible (28 à 30 millimètres).

L'effort de traction varie alors pour le rail Broca entre 10 à 15 kilos par tonne suivant le type de voiture employé, tandis qu'il n'est que de 6 à 10 kilos pour les rails Vignole.

Enfin, lorsque les rails sont mouillés, l'eau servant de lubrifiant, la résistance au roulement est moins élevée, mais en même temps l'adhérence diminue.

**7. Adhérence.** — Le déplacement d'un véhicule automoteur sur les rails résulte de son adhérence, c'est-à-dire du coefficient de frottement des roues motrices sur les rails. Ce coefficient dépend principalement de l'état hygrométrique de l'atmosphère. Ainsi, par un temps sec, il est en moyenne de 0,20 à 0,25 du poids adhérent, c'est-à-dire de la charge supportée par les roues motrices ; lorsque le temps est humide et, par suite, les rails un peu gras, il peut descendre jusqu'à 0,10 et 0,12, mais lorsque les rails sont bien lavés par suite d'une pluie abondante, l'adhérence est presque aussi bonne que quand ils sont parfaitement secs.

On peut dire que dans les conditions les plus normales, ce coefficient est de 14 à 15 pour 100.

Lorsque la puissance de traction dépasse une certaine limite résultant du produit du poids adhérent par le coefficient, les roues patinent ; autrement dit, elles tournent en glissant sur le rail sans faire avancer le véhicule. On augmente alors l'adhérence en répandant un peu de sable sous les roues, mais la résistance au roulement est un peu plus élevée.

**8. Coefficient de traction.** — Tous les véhicules nécessitent, pour se mouvoir, un effort de traction plus ou moins considérable qui varie suivant la nature et l'état du chemin ou de la voie de roulement.

Voici quelques-uns de ces coefficients rapportés à une voie de chemin de fer bien entretenue, prise comme unité :

| | |
|---|---|
| Chemin de fer | 1 |
| Tramway (voie bien entretenue) | 2 |
| Tramway (voie mal entretenue) | 4 |
| Asphalte ou bitume comprimé | 2 |
| Route macadamisée en bon état (sèche) | 3 |
| Route macadamisée en bon état (détrempée) | 4 à 5,5 |
| Pavé de grès (bien entretenu) | 3 à 3,5 |
| Pavé de grès (mal entretenu) | 4 à 4,5 |
| Terrain solide gazonné | 10 |
| Terres meubles | 20 à 25 |
| Ornières profondes | 40 à 50 |

## CHAPITRE DEUXIÈME

### TRACTION PAR PRISE DE COURANT EXTÉRIEURE

**9. Usine génératrice.** — La station génératrice doit être placée autant que faire se peut vers le milieu de la ligne à alimenter, afin de réduire le plus possible la perte d'énergie résultant de l'action calorifique du courant.

Les machines motrices, généralement à vapeur, commandent souvent les dynamos par l'intermédiaire de courroies, mais on tend de plus en plus à se servir de machines à vapeur à grande vitesse actionnant directement les dynamos qui sont alors calées sur l'arbre moteur ; ces groupes unitaires tiennent moins de place que les précédents et les pertes mécaniques sont moins élevées.

On emploie généralement des machines de grande puissance, pouvant varier de 500 à 1.500 kilowatts, parce que, dans ce cas, le rendement varie peu avec les variations de charge se produisant sur la ligne, suivant le nombre de voitures en service.

Les dynamos génératrices sont presque toujours des machines multipolaires à excitation compound ou hypercompound, afin d'avoir une tension aussi constante que possible. Quant aux machines motrices, elles peuvent être de n'importe quel système, mais les variations subites de charge de la ligne nécessitent des appareils de régulation très sensibles.

Les dynamos sont généralement couplées en parallèle, c'est-à-dire en reliant ensemble d'une part les pôles positifs et d'autre part les pôles négatifs des machines. On réunit, en outre, les enroulements série par un fil spécial dit *fil d'équilibre*, destiné à égaliser les intensités du courant dans ces deux enroulements (fig. 288). La résistance du fil

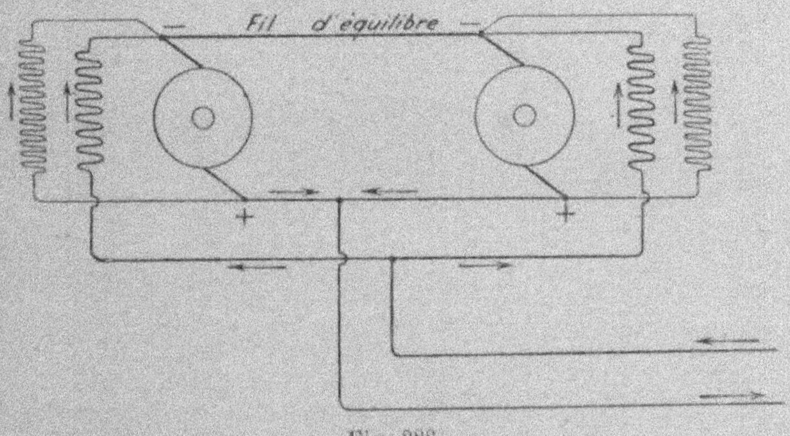

Fig. 288.

d'équilibre doit être inférieure à celle de l'enroulement en série, c'est-à-dire à environ 0,01 ohm.

**10. Ligne aérienne. Trolley.** — La prise du courant nécessaire à l'alimentation des moteurs des véhicules se fait au moyen d'un conducteur ou *fil de travail* placé le long de la voie et qui peut être soit aérien soit souterrain ; le courant, après avoir agi dans les moteurs, fait retour à la station génératrice par les roues et les rails.

Le fil aérien est formé par un câble en bronze phosphoreux de 8 à 9 millimètres de diamètre supporté au moyen d'isolateurs, par des poteaux placés tous les 35 ou 40 mètres.

Le courant est amené aux moteurs par l'intermédiaire

d'une perche ou *trolley* placée sur le toit du véhicule et qui est en contact permanent avec le fil de ligne sur leque elle frotte.

Le trolley fait un angle, en arrière, d'environ 30 degrés avec la verticale et un système de ressorts à boudin placés à sa base tend toujours à le redresser en l'appuyant ainsi constamment sur le fil de travail.

Il en existe deux types principaux : le trolley à *roulette* (fig. 289) et le trolley à *archet* (fig. 290) ; le premier est le plus fréquemment employé.

**11. Alimentation du fil de travail.** — En raison de la résistance ohmique présentée par le fil de travail, la ten-

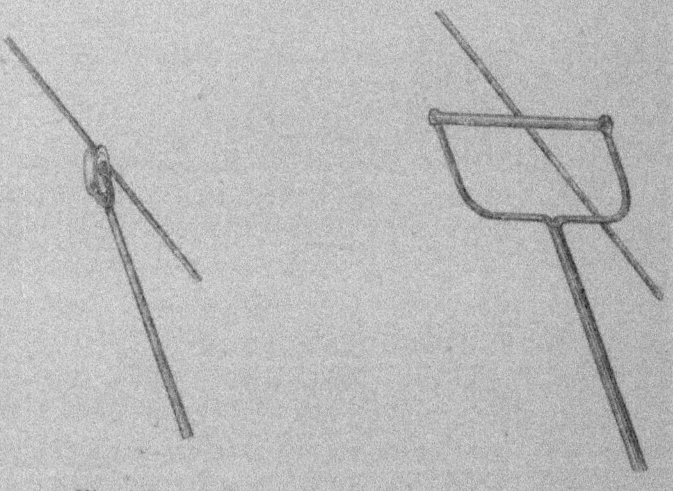

Fig. 289. Fig. 290.

sion du courant diminue au fur et à mesure que l'on s'éloigne de la station génératrice et, pour y remédier, on a été obligé d'avoir recours au système employé pour l'éclairage électrique, c'est-à-dire la distribution par feeders.

On peut alors amener un supplément de courant dans la ligne en employant plusieurs feeders aboutissant chacun en un point différent ou au moyen d'un seul de section décroissante relié au fil de travail en chacun de ses points où il change de diamètre (fig. 291 et 292).

On peut ainsi arriver à égaliser à peu près le potentiel tout le long de la ligne.

Les feeders sont presque toujours établis souterrainement.

La tension dans le fil de travail varie, pour les tramways, de 400 à 500 volts. Cette tension n'est pas sans présenter

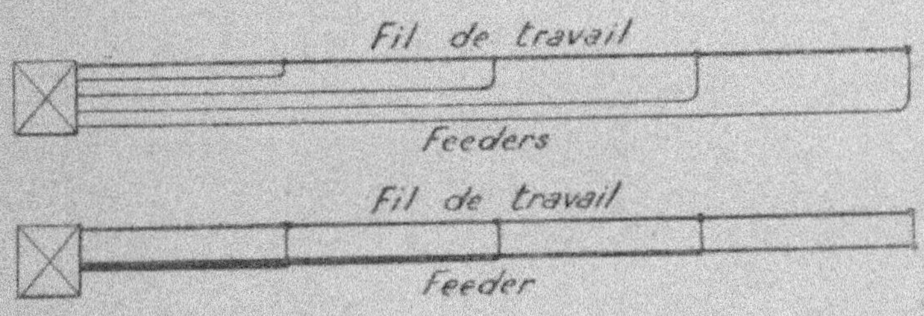


Fig. 291 et 292.

quelques dangers en cas de rupture du fil de trolley, mais elle n'est cependant pas mortelle.

Le prix de revient d'un kilomètre de voie simple avec fil de trolley aérien peut varier de 50.000 à 60.000 francs.

**12. Ligne à caniveau souterrain.** — Le système à trolley aérien est incontestablement le plus pratique et le plus économique comme installation, mais il présente l'inconvénient d'être peu esthétique et, souvent, les municipalités en proscrivent l'emploi pour ne pas déparer l'aspect de certaines rues.

On a été alors conduit à chercher une autre combinaison permettant d'avoir une prise de courant permanente, mais cependant dissimulée à la vue, et on a établi le fil de trolley en souterrain (fig. 293).

Pour cela, la voie est constituée d'un côté par un rail ordinaire, Broca par exemple, et de l'autre par deux rails, genre Vignole, laissant entre eux une ouverture de

0 m. 033 et reposant tous les mètres environ sur des cadres en fonte A. Ceux-ci ont une forme sensiblement ovoïde,

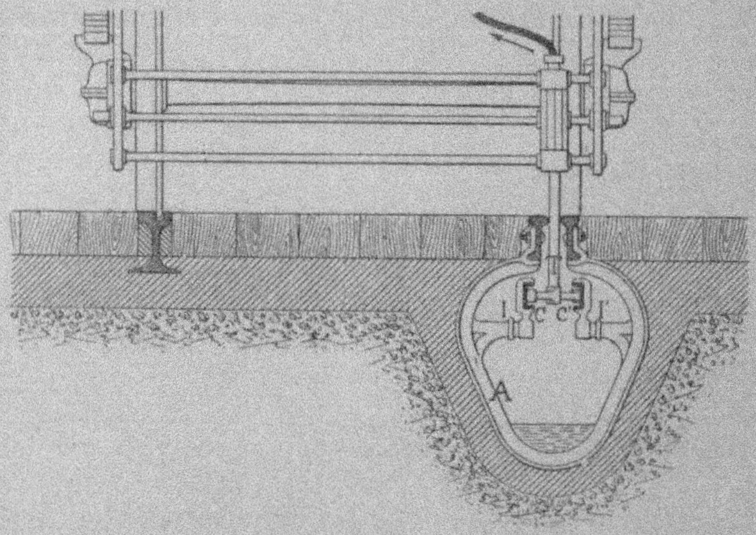


Fig. 293.

qui est en même temps celle du caniveau, formé, entre deux cadres consécutifs, de briques et ciment ou béton.

Le trolley T pénètre dans le caniveau par l'ouverture ménagée entre lesrails et vient frotter sur un ou deux conducteurs C, C', supportés par des isolateurs I, I' fixés à l'intérieur des cadres.

Afin d'éviter le remplissage de ces caniveaux, au bout d'un certain temps, par la boue ou la poussière, on y fait circuler de temps à autre un courant d'eau qui entraîne ces détritus dans les égouts de la ville au moyen de tuyaux d'évacuation placés de distance en distance.

Les applications de ce système sont assez restreintes en raison de son prix de revient élevé (environ 100 000 francs par kilomètre de voie simple dont 30 à 35 000 francs pour le caniveau) et de son entretien difficile.

On peut, pour remédier à ce dernier inconvénient, construire de grands caniveaux circulables de 1 m. 80 à 2 mètres de hauteur, pouvant servir pour une voie double, mais les frais d'établissement s'élèveraient à 250.000 francs par kilomètre de voie double, soit 125.000 francs pour chaque voie.

**13. Ligne à contacts superficiels.** — Il existe enfin un troisième système d'alimentation des tramways dans les grandes villes où, pour une raison ou pour une autre, ni l'un ni l'autre des deux systèmes précédents ne peuvent être employés ; c'est la distribution par ligne sectionnée à contacts superficiels dans laquelle chaque section n'est égale qu'à la longueur d'une voiture et n'est alimentée que pendant le passage de celle-ci.

Au milieu de la voie se trouvent, tous les 3 ou 4 mètres, des boutons métalliques ou *plots* P dans lesquels arrive le courant pris en dérivation sur la canalisation souterraine R. Sur ces boutons frotte une barre de contact B, suspendue au tramway et dont la longueur est supérieure à l'intervalle existant entre deux plots consécutifs, de façon à rester toujours en communication avec l'un d'eux (fig. 294).

Afin que le courant n'arrive dans le plot qu'au moment du passage de la voiture, celui-ci est constitué de la manière suivante : Le couvercle K est en métal non magnétique et porte en son centre un axe en fer doux, muni d'un bouchon à vis V terminé à sa partie inférieure par un bloc de graphite G en forme de cuvette. Dans celle-ci peut venir s'emboîter la tête conique en graphite d'un clou de fer F plongeant dans un tube en ambroïne A, rempli de mercure M et terminé par un bouchon en cuivre C auquel est relié le câble conducteur amenant le courant de la canalisation principale R.

Dans sa position normale, le clou F repose sur le tube en ambroïne, mais il suffit d'une faible attraction, pour que sa tête vienne en contact avec le godet en graphite G ; le courant arrive alors dans le bouchon V et passe de là dans les moteurs.

L'attraction du clou est produite par les barres de contact B qui sont aimantées au moyen d'électro-aimants E

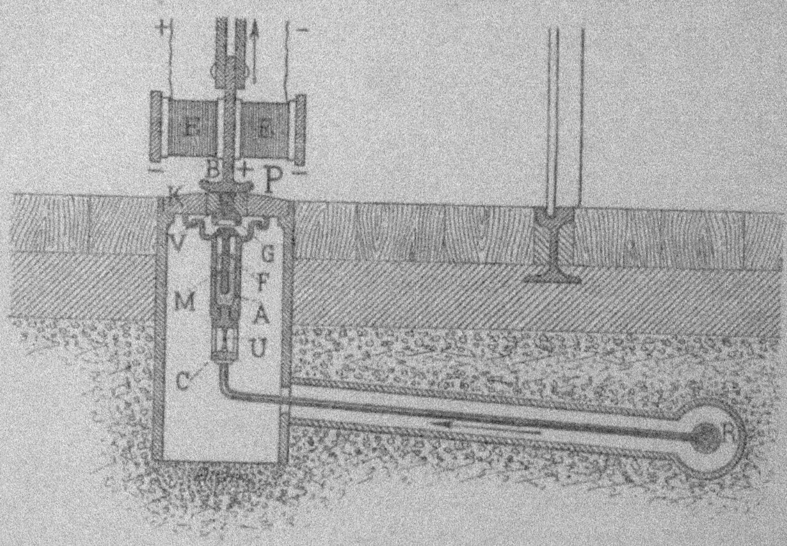


Fig. 294.

alimentés, au départ, par le courant d'une petite batterie d'accumulateurs et, en marche normale, par celui de la ligne.

Après le passage du véhicule, l'attraction cesse et le clou retombe en rompant ainsi le circuit entre le bouchon du plot et la ligne. Pour éviter que le courant ne subsiste dans un plot, on ajoute à la voiture un traîneur en fer relié à la masse métallique du véhicule. Si le clou est resté en contact, il se produit un court-circuit entre le plot et les rails par lesquels se fait le retour du courant, ce qui a pour résultat de faire fondre un fil fusible U placé dans le bouchon C.

Plus généralement, les câbles d'alimentation d'une vingtaine de plots consécutifs aboutissent à des boîtes spéciales de prise de courant placées, sur le trottoir, tous les 80 mètres environ, et dans lesquelles se trouvent les plombs fusibles que l'on peut ainsi plus facilement remplacer.

Malgré sa simplicité apparente, ce système a donné lieu à de nombreux mécomptes et, dans les débuts surtout, de fréquents accidents se sont produits par suite d'une isolation imparfaite des plots. Dans ces accidents, les chevaux sont surtout atteints, d'abord parce qu'ils établissent plus facilement qu'une personne la communication entre les plots et les rails et, ensuite, parce qu'un simple courant de 5 volts est déjà dangereux pour ces animaux qui sont, à ce point de vue, d'une grande sensibilité.

**14. Retour du courant par les rails.** — Dans la presque totalité des cas, le courant, après avoir agi dans les moteurs, fait retour à la station centrale par les rails, en passant par la carcasse des moteurs et les roues.

Pour que la perte de courant ne soit pas trop élevée, il faut que les rails présentent une faible résistance spécifique et aient une section suffisante; on emploie, à cet effet, des rails de 40 à 45 kilos au mètre courant, dont la section est de 50 à 60 centimètres carrés et la résistance de 0,0004 ohm environ par kilomètre.

En outre, les joints des rails établis à la façon ordinaire, au moyen de simples éclisses boulonnées, n'assureraient pas une continuité électrique suffisante et, pour y remédier, on rejoint les deux rails par un ou deux conducteurs en cuivre C rivés dans deux trous A, A (fig. 295). Ce joint est connu sous le nom de *joint Chicago*.

La résistance moyenne présentée par chacun de ces joints est environ de 0,00014 ohm, ce qui fait 0,014 ohm par kilomètre en supposant les rails de 10 mètres de longueur.

Cette nouvelle résistance ajoutée à la précédente de

0,0004 ohm nous donne un total de 0,0144 ohm, c'est-à-dire 0,007 ohm par kilomètre, puisqu'il y a deux rails.

**15. Effets destructifs produits par électrolyse.** — Lorsque la ligne dépasse une certaine longueur, 5 kilo-

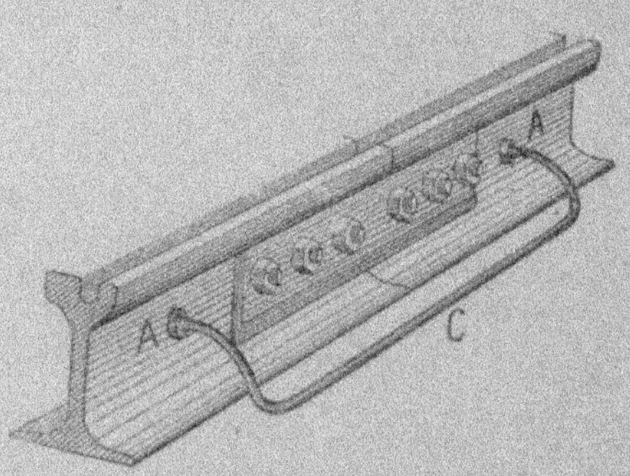


Fig. 295.

mètres environ, le retour du courant par les rails produit sur les canalisations d'eau ou de gaz environnantes des détériorations causées par l'électrolyse.

En effet, si les rails présentent une résistance trop élevée, il peut arriver que la différence de potentiel entre deux points dépasse la force contre-électromotrice de polarisation et il en résulte des dérivations de courant dans le sol et surtout dans les canalisations voisines qui jouent alors, de même que les rails, le rôle d'anode et sont rongées par l'oxydation ainsi produite aux points où le courant s'en échappe pour retourner à l'usine génératrice.

On a proposé, pour remédier à cet inconvénient, de relier les rails à chaque conduite au moyen d'un fil conducteur placé à son extrémité ; il s'établit alors à travers le sol des courants allant des rails au tuyau et faisant retour à ceux-ci par le conducteur. Les rails remplissant, dans ce cas, le rôle d'anode et le tuyau celui de cathode, l'oxydation se produit donc seulement sur les premiers tandis qu'il s'effectue sur les conduites des dépôts alcalins qui ne nuisent pas à leur conservation.

Cependant, ce moyen est insuffisant et on est souvent amené à placer en terre, parallèlement à la voie, un fort conducteur, isolé ou non, relié aux rails tous les 30 mètres environ (fig. 296). Cette disposition a l'inconvénient d'être assez onéreuse, mais les effets destructeurs de l'électrolyse sont à peu près complètement supprimés.

En résumé, pour les lignes ne dépassant pas 5 kilomètres, il ne paraît pas utile d'employer de disposition spéciale : des rails de section convenable et des joints bien faits sont

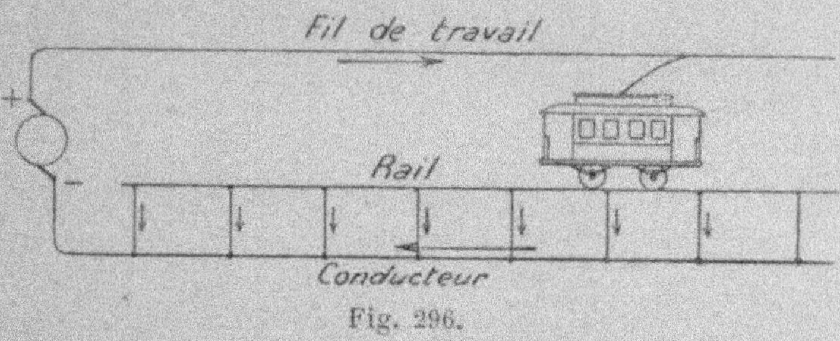


Fig. 296.

suffisants. Pour une plus grande longueur et en général, lorsque la différence de potentiel entre les deux extrémités de la ligne dépasse 5 volts, il faut employer la disposition ci-dessus.

**16. Perturbations diverses causées par les tramways électriques.** — Les lignes télégraphiques et surtout téléphoniques placées dans le voisinage des fils de trolley subissent certains troubles provoqués par la tension élevée qui alimente les lignes de tramway.

Les causes de ces perturbations sont peu connues, mais on peut admettre qu'elles sont dues à des effets d'induction mutuelle entre les deux circuits. Le seul moyen vraiment efficace pour les combattre est d'employer un fil d'aller et un fil de retour pour chaque appareil téléphonique.

2

Enfin, les tramways électriques produisent aussi sur les divers appareils de mesure, tels que voltmètres, ampèremètres, compteurs, etc., placés soit à l'usine génératrice, soit chez des particuliers, des perturbations qui peuvent fausser leurs indications.

## CHAPITRE TROISIÈME

### SYSTÈME MOTEUR

**17. Moteurs employés.** — Les moteurs employés le plus fréquemment en traction électrique sont des moteurs enroulés en série, qui, comme nous le savons, démarrent avec une grande énergie (1) ; ils ne présentent, du reste, rien de particulier.

Ce sont, le plus souvent, des moteurs tétrapolaires du

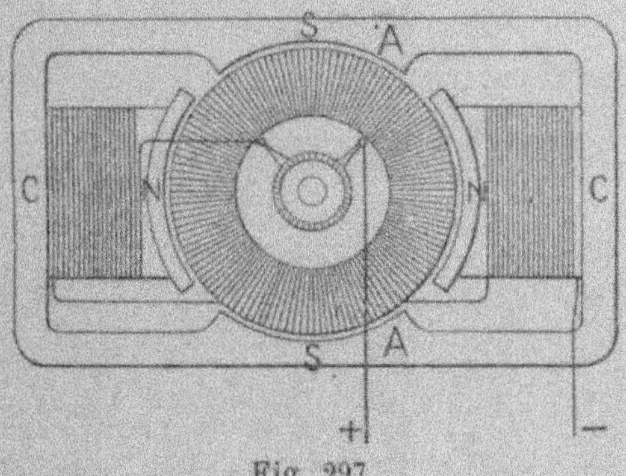


Fig. 297.

type dit *cuirassé* (fig. 297) ; les pôles sont naturellement au

(1) Voir les *Principes de l'Électricité* du même auteur. Bernard Tignol, éditeur.

nombre de quatre, mais il n'y a que deux bobines inductrices donnant deux pôles nord en N, N et deux pôles sud en S, S, par l'intermédiaire des deux culasses C, C, et des deux armatures A, A.

Les balais sont en charbon et placés normalement au collecteur afin de permettre aux moteurs de tourner dans les deux sens sans être obligé de changer leur inclinaison.

Les moteurs de tramway doivent être d'une construction robuste et très soignée afin de pouvoir supporter une surcharge d'au moins 25 à 30 pour 100.

**18. Contrôleur.** — L'alimentation des moteurs se fait par l'intermédiaire d'un appareil de distribution appelé *controller* ou *contrôleur*, qui est composé de segments de cuivre pouvant être mis en contact avec certaines touches ou frotteurs, de manière à former les différentes combinaisons nécessaires aux variations de marche des moteurs.

Ce contrôleur, représenté en perspective sur la droite de la figure 298 et en développement du côté gauche, est muni de deux manettes M et N, dont l'une M sert pour l'inversion de la marche et l'autre N pour la distribution du courant dans les moteurs.

En raison de la tension élevée du courant, il se produit, entre les touches et les segments du contrôleur, de fortes étincelles, au moment de la rupture du circuit. Pour y remédier, on installe dans le contrôleur un *souffleur magnétique* S composé d'une bobine placée en tension dans le circuit ; celle-ci produit un champ magnétique qui a pour effet de souffler l'arc électrique produit par l'étincelle, c'est-à-dire que celui-ci, étant entraîné par le flux magnétique de la bobine, s'allonge et se rompt aussitôt.

**19. Distribution du courant.** — La figure 298 représente schématiquement une disposition employée pour la distribution de l'énergie électrique dans un tramway à trolley.

Le courant, venant du fil de travail, passe par la perche du trolley ; un interrupteur de sûreté I, toujours fermé en marche normale ; un plomb fusible F ; un parafoudre P ; une bobine de self L, destinée à empêcher l'arrivée trop brusque du courant, et parvient au contrôleur.

Pour le démarrage, on intercale dans le circuit deux résistances R et R′ afin d'éviter que le courant n'atteigne une valeur trop élevée dans le couple moteur dont la force contre-électromotrice est nulle à ce moment.

Lorsque le tramway a atteint une certaine vitesse, on supprime successivement ces résistances, puis on met les moteurs en parallèle, c'est-à-dire que le courant est distribué en même temps dans les deux, au lieu de n'arriver dans le second qu'après avoir agi dans le premier, comme dans le cas du groupement en série.

Si l'on n'a besoin que d'une faible puissance pour entretenir la marche du tramway, on peut n'utiliser qu'un seul moteur, avec ou sans résistances.

Pour la marche en arrière, le courant est seulement inversé dans les inducteurs au moyen de la manette M, tandis que les connexions des touches de N restent les mêmes.

Voyons maintenant, pour les différentes phases de la marche du tramway, comment se fait la distribution du courant qui arrive, par le fil indiqué en gros trait, à la touche 1 du contrôleur et, après avoir agi dans les moteurs, retourne à la terre par les fils T, la carcasse de ces moteurs et les roues.

Il y a 6 positions de marche indiquées sur le schéma par les lettres : A, B, C, D, E et F, et, pour chacune de ces positions, la circulation du courant se fait ainsi :

### DÉMARRAGE - MARCHE EN SÉRIE AVEC DEUX RÉSISTANCES
(Position A)

| *Marche avant.* | *Marche arrière.* |
| --- | --- |
| 1-5-22-23-6-2-12-13-31-32-15-14-34-33-35-24-25-8-7-17-18-27-28-20-19-29-30-26 et terre. | 1-5-22-23-6-2-12-16-15-32-31-13-14-34-33-35-24-25-8-7-17-21-20-28-27-18-19-29-30-26 et terre. |

### MARCHE EN SÉRIE AVEC UNE RÉSISTANCE
(Position B)

| | |
| --- | --- |
| 1-3-12-13-31-32-15-14-34-33-35-24-25-8-7-17-18-27-28-20-19-29-30-26 et terre. | 1-3-12-16-15-32-31-13-14-34-33-35-24-25-8-7-17-21-20-28-27-18-19-29-30-26 et terre. |

### MARCHE EN SÉRIE SANS RÉSISTANCES
(Position C)

| | |
| --- | --- |
| 1-3-12-13-31-32-15-14-34-33-35-9-7-17-18-27-28-20-19-29-30-26 et terre. | 1-3-12-16-15-32-31-13-14-34-33-35-9-7-17-21-20-28-27-18-19-29-30-26 et terre. |

### MARCHE AVEC UN SEUL MOTEUR ET UNE RÉSISTANCE
(Position D)

| | |
| --- | --- |
| 1-4-12-13-31-32-15-14-34-33-35-24-25-10-11-26 et terre. | 1-4-12-16-15-32-31-13-14-34-33-35-24-25-10-11-26 et terre. |

### MARCHE EN PARALLÈLE AVEC RÉSISTANCES
(Position E)

| | |
| --- | --- |
| 1-4 { 12-13-31-32-15-14-34-33-35-24-25-10-11-26 et terre.<br>2-5-22-23-6-7-17-18-27-28-20-19-29-30-26 et terre. } | 1-4 { 12-16-15-32-31-13-14-34-33-35-24-25-10-11-26 et terre.<br>2-5-22-23-6-7-17-21-20-28-27-18-19-29-30-26 et terre. } |

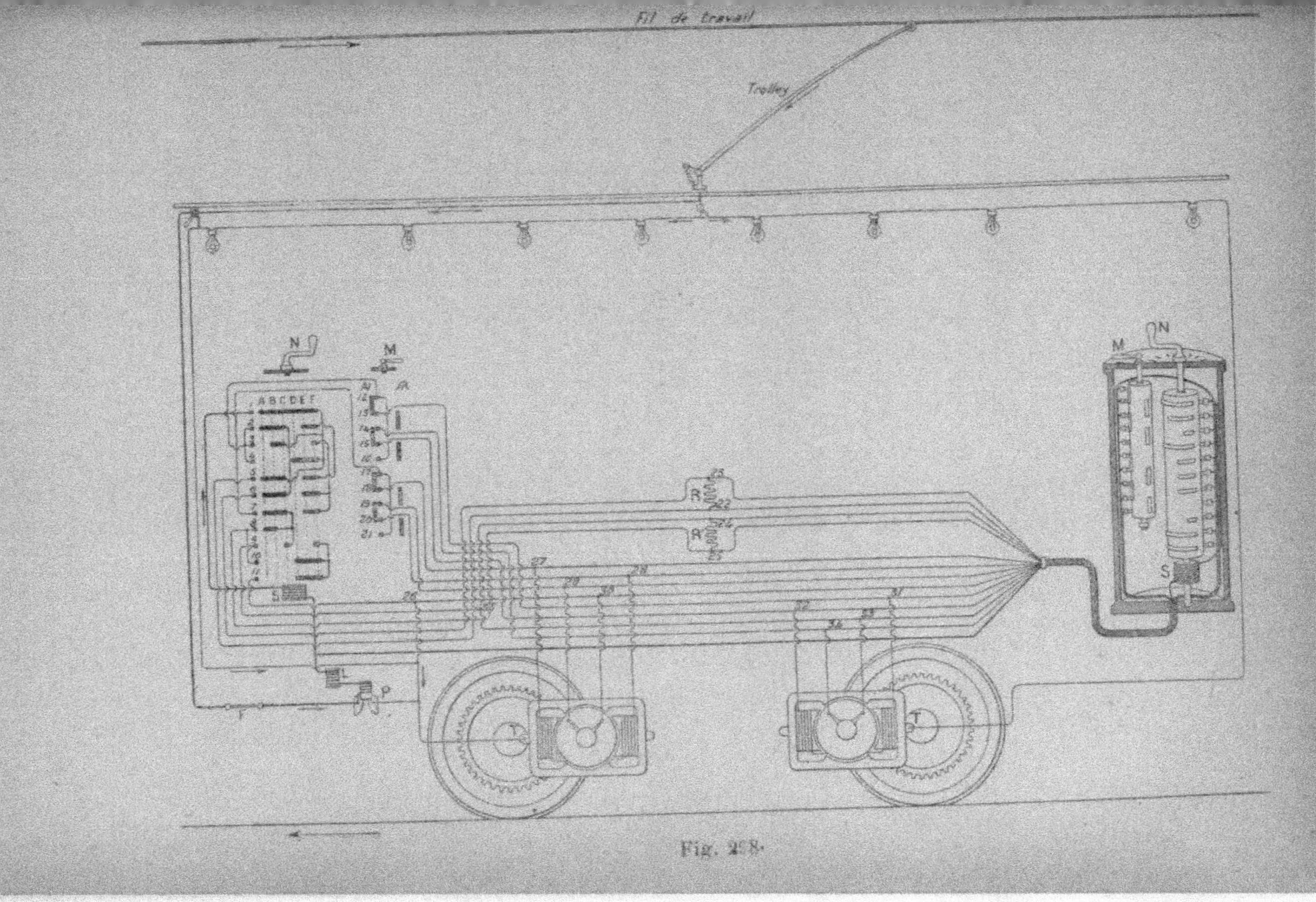


Fig. 278.

MARCHE EN PARALLÈLE SANS RÉSISTANCES

(Position F)

| | | | |
|---|---|---|---|
| 1-4 | 12-13-31-32-15-14-34-33-35-9-11-26 et terre.<br>3-7-17-18-27-28-20-19-29-30-26 et terre. | 1-4 | 12-16-15-32-31-13-14-34-33-35-9-11-26 et terre.<br>3-7-17-21-20-28-27-18-19-29-30-26 et terre. |

**20. Accessoires des tramways.** — L'éclairage des tramways est assuré par une dérivation prise sur le conducteur principal. Comme la tension du courant est en moyenne de 400 à 500 volts, et que les lampes à incandescence fonctionnent généralement sous un potentiel de 100 volts environ, on place les lampes en série par groupes de 4 ou 5.

On a fait quelques essais de chauffage des tramways par l'électricité, mais ce système est assez coûteux et on préfère, le plus souvent, avoir recours aux chaufferettes à briquettes.

Les tramways électriques, circulant dans les villes à une vitesse assez élevée, doivent avoir des freins très puissants et très sûrs, capables d'arrêter très promptement la voiture.

Ils sont généralement au nombre de trois : un frein à main, un frein à air comprimé et celui que l'on obtient en renversant le courant dans les moteurs.

Le frein à main est surtout destiné à modérer l'allure des véhicules dans les pentes, tandis que celui à air comprimé est utilisé pour les arrêts immédiats ; ce dernier est alimenté par de l'air emmagasiné aux stations génératrices dans des réservoirs en tôle placés sur la voiture.

Quant au troisième système de freinage, il n'est guère employé qu'en cas de non-fonctionnement de l'un des deux autres, car il peut en résulter une rapide détérioration des moteurs.

Les tramways comportent un certain nombre d'appareils de sécurité, tels que : plombs fusibles, coupe-circuits automatiques, interrupteurs à main, parafoudres, etc.

La figure 299 représente un parafoudre du système Thomson-Houston. Cet appareil se compose de deux bo-

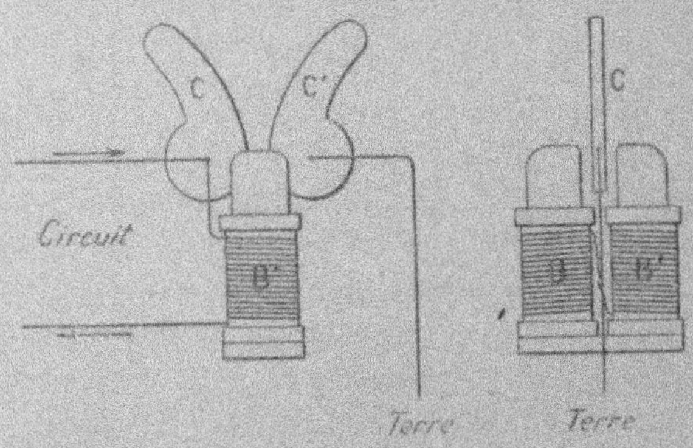


Fig. 299.

bines B et B' placées dans le circuit d'alimentation et entre les branches desquelles se trouvent deux cornes C et C', reliées l'une à la terre et l'autre en dérivation sur le circuit.

Sous l'influence d'un coup de foudre, un arc jaillit entre les parties les plus proches des deux cornes et le courant se rend à la terre ; mais, en même temps, l'arc est soufflé par l'électro-aimant ; il s'élève alors en s'allongeant et se rompt aussitôt.

**21. Réduction de vitesse et suspension des moteurs.** — Les moteurs ne sont généralement pas calés directement sur les essieux pour deux raisons bien différentes ; d'abord parce qu'ils recevraient intégralement les chocs produits sur les roues et les essieux par les aspérités de la voie et ensuite parce que leur vitesse de rotation est trop élevée.

On place alors les moteurs en dehors des essieux qu'ils commandent au moyen d'un engrenage à réduction de vitesse (fig. 300). Ils sont suspendus aux châssis par l'intermédiaire de ressorts à boudin et placés le plus près possible du milieu de la voiture où les secousses sont moins sensibles.

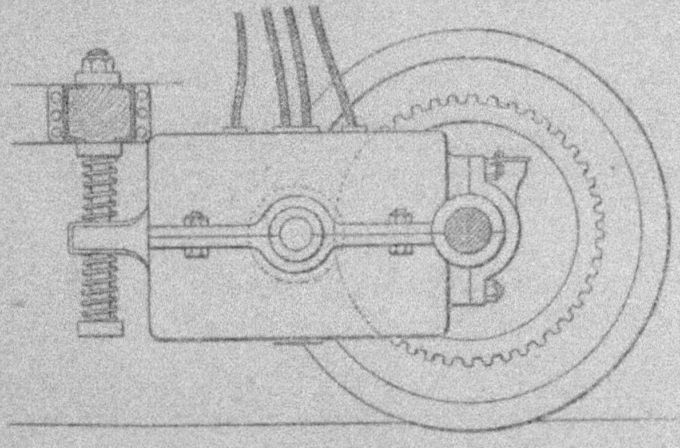

Fig. 300.

Afin d'éviter une usure trop rapide des parties frottantes, les moteurs sont enfermés hermétiquement dans des carcasses en fonte destinées à les mettre à l'abri de la poussière mais pouvant néanmoins se démonter facilement pour la visite de ces appareils.

## CHAPITRE QUATRIÈME

### TRACTION PAR ACCUMULATEURS

**22. Tramways à accumulateurs.** — Les premiers essais de traction électrique sur les lignes de tramways, effectués en France, le furent au moyen des accumulateurs et remontent à 1885; mais comme, à cette époque, ces appareils étaient encore peu perfectionnés, on dut y renoncer en raison du prix de revient élevé de la voiture-kilomètre.

Ce n'est qu'en 1892, alors que fonctionnaient déjà depuis deux ans des tramways à trolley, qu'une ligne fut exploitée complètement au moyen des accumulateurs : celle de Paris (Madeleine) à Saint-Denis ; puis en 1893, deux autres lignes, celles de l'Opéra à Saint-Denis et de Saint-Denis à Neuilly furent ouvertes à l'exploitation. Quelques autres suivirent ensuite; mais la traction par accumulateurs n'est guère employée que dans les grandes villes, à Paris en particulier, où le trolley trouve de nombreux adversaires.

**23. Charge des accumulateurs.** — Il existe deux moyens différents pour charger les accumulateurs de tramway : la charge séparée et la charge sur la voiture.

Dans le premier cas, la batterie, qui se compose généralement d'une centaine d'éléments de 11 plaques, est répartie en un certain nombre de caisses amovibles placées sous la voiture. Le poids total de la batterie est d'environ 3.000 kilogs et celui de chaque caisse peut varier entre 200 et 300 kilogs.

Lorsqu'un tramway a besoin de renouveler sa provision d'énergie électrique, calculée pour une quarantaine de kilomètres environ, il rentre au dépôt et, là, on échange la batterie épuisée par une nouvelle que l'on a chargée pendant le temps de service du tramway. Ce système présente deux inconvénients : celui d'une main-d'œuvre importante et l'obligation d'avoir deux batteries par voiture.

C'est pourquoi, dans certaines voitures, les batteries sont placées à demeure sous les banquettes ou le plancher, et on charge les accumulateurs pendant le stationnement des véhicules aux points terminus où le courant est amené au moyen de feeders.

Mais il faut, pour cela, employer des accumulateurs robustes dits à *charge rapide* pouvant se charger en un quart d'heure au maximum et présentant, pour cela, une grande surface d'électrodes par rapport à la capacité. La charge emmagasinée suffit pour un trajet d'une heure et demie ou deux heures, c'est-à-dire d'une quinzaine de kilomètres.

**24. Marche avec récupération.** — Sur les lignes à fortes et surtout longues pentes, on peut récupérer une certaine partie de l'énergie dépensée pour la marche du tramway, en faisant tourner les moteurs comme dynamos, lorque la pente est suffisante pour faire rouler le véhicule sous l'action seule de la pesanteur.

Les moteurs employés dans ce cas sont naturellement des moteurs excités en dérivation, dont le sens de rotation est le même pour le fonctionnement soit comme génératrice, soit comme réceptrice.

Sur certaines lignes à profil accidenté, l'énergie récupérée peut atteindre 30 pour 100 de celle qui serait dépensée avec un tramway non muni de ce dispositif.

L'inconvénient de ce système est l'emploi de moteurs en dérivation dont la conduite est plus compliquée et moins commode que celle des moteurs en série.

**25. Système mixte par accumulateurs et trolley.** — Sur quelques lignes pouvant utiliser le trolley aérien dans certaines parties de leur parcours, tandis qu'il leur est interdit dans d'autres, on combine les deux systèmes de traction par accumulateurs et par trolley avec ou sans recharge de la batterie pendant la marche avec trolley. Pour ce dernier cas, on monte en dérivation sur le circuit d'alimentation des moteurs, la batterie qui se recharge pendant la marche.

Un avantage de ce système est que les batteries d'accumulateurs ne sont jamais déchargées à fond, ce qui a pour résultat d'augmenter leur rendement et leur durée.

Le passage de la marche avec trolley à celle avec accumulateurs s'obtient au moyen d'un ou deux commutateurs spéciaux, fermant le circuit sur la batterie d'accumulateurs, en l'interrompant sur le fil d'alimentation, ou réciproquement.

**26. Conduite des voitures à accumulateurs.** — La conduite des tramways à accumulateurs est semblable à celle des voitures à trolley; les connexions du contrôleur, seules, diffèrent un peu.

Une batterie étant généralement divisée en deux ou quatre sous-batteries de 50 volts chacune, on peut obtenir, au moyen du contrôleur, divers groupements correspondant aux différentes périodes de marche.

Par exemple, dans le cas de quatre sous-batteries, on associe celles-ci d'abord en quantité, ce qui produit une tension de 50 volts que l'on emploie au moment du démarrage.

Pour la marche normale, on groupe les éléments moitié en série, moitié en quantité, ou tous en série ce qui donne respectivement des tensions de 100 et 200 volts.

Un grand avantage de la traction par accumulateurs est une complète indépendance de chaque véhicule et la facilité avec laquelle on peut mettre en circulation des voitures supplémentaires suivant les besoins du service.

En outre, les stations génératrices travaillent toujours à pleine charge, ce qui n'est pas le cas pour la traction à trolley dont les variations de charge sont considérables, et il en résulte un meilleur rendement.

Par contre, le grand inconvénient de ce mode de traction est la dépense supplémentaire d'énergie nécessaire pour le transport du poids mort de la batterie, c'est-à-dire, 2 à 3 000 kilogs.

## CHAPITRE CINQUIÈME

### TRACTION PAR SYSTÈME GÉNÉRATO-MOTEUR

**27. Locomotive Heilmann.** — En outre des deux systèmes de traction précédemment décrits, il en existe un troisième consistant à produire sur le véhicule lui-même le courant électrique nécessaire à l'alimentation de ses moteurs.

C'est dans cet ordre d'idées qu'a été construite, en 1893, la locomotive à grande vitesse Heilmann, dont nous allons donner la description.

Cette locomotive (fig. 301 et 302) se compose d'un châssis de 17 m. 70 de longueur supporté par deux bogies de quatre essieux moteurs chacun et sur lequel se trouvent une chaudière et une machine à vapeur actionnant deux dynamos produisant le courant destiné à alimenter les huit moteurs.

**28. Système générateur.** — La chaudière, timbrée à 14 kilogs, comprend 351 tubes de 3 m. 80 de longueur et présente une surface de chauffe de 185,47 mètres carrés, avec une surface de grille de 3,94 mètres carrés. Les approvisionnements d'eau et de combustible sont placés de chaque côté de la chaudière.

La machine à vapeur V est une machine verticale du sys-

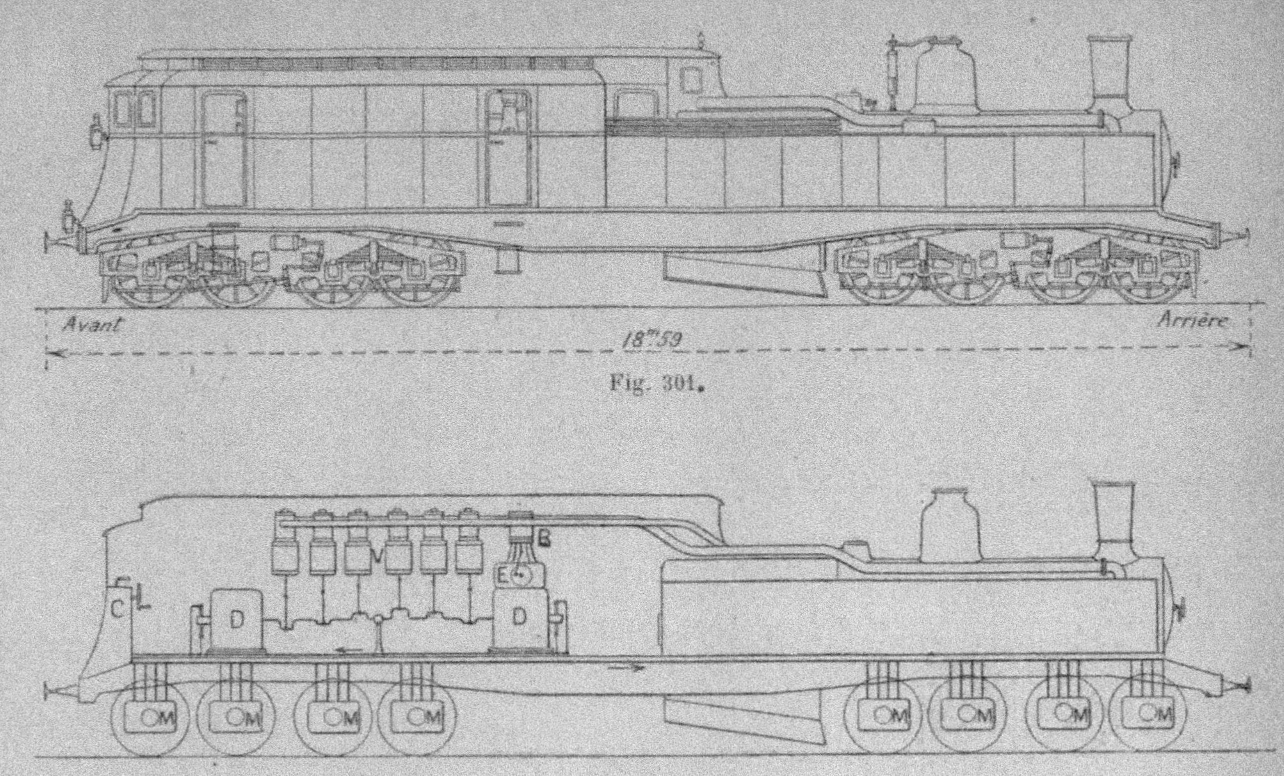


Fig. 301.

Fig. 302.

tème compound, avec cylindres placés en tandem, c'est-à-dire l'un au-dessus de l'autre et actionnant la même tige de piston. Il y a 6 lignes de cylindres semblables qui agissent sur un même arbre au moyen de manivelles placées à 60 degrés les unes par rapport aux autres. On a ainsi une machine complètement équilibrée.

La course des pistons est de 400 millimètres; le diamètre des cylindres à haute pression est de 300 millimètres et celui des cylindres à basse pression de 480 millimètres. La vitesse normale de rotation est de 400 tours par minute.

Les dynamos génératrices D, au nombre de deux, sont calées directement sur l'arbre moteur à chacune de ses extrémités.

Ce sont des machines à 6 pôles à excitation séparée avec inducteurs en acier doux et induit à anneau de 1 m. 05 de diamètre. Chaque dynamo peut produire, en marche normale, un courant de 1.000 ampères sous 455 volts et, comme ces machines sont associées en parallèle, on dispose donc d'un courant de 2.000 ampères.

L'excitation des inducteurs est obtenue au moyen d'une dynamo tétrapolaire, du type cuirassé E, actionnée par une petite machine à vapeur spéciale R à simple expansion. Le courant d'excitation est de 140 ampères sous 175 volts.

**29. Système moteur.**— Les moteurs M sont au nombre de 8 (un par essieu); ils sont à quatre pôles et peuvent fournir chacun une puissance de 120 chevaux à la vitesse de 100 kilomètres à l'heure avec des roues de 1 m. 16 de diamètre. La puissance totale est donc de près de 1.000 chevaux.

Les moteurs commandent les essieux sans réduction de vitesse, mais l'induit, au lieu d'être calé directement sur l'essieu E est fixé sur un tube T entourant celui-ci et à une extrémité duquel est calé un plateau P sur lequel sont fixées trois pattes A. Ces trois pattes sont placées entre des ressorts en volute R s'appuyant sur les rayons des roues, et c'est par l'intermédiaire de ce système élastique réduisant les secousses, principalement aux démarrages, que se fait la commande des roues motrices (fig. 303).

Il n'y a pas de rhéostats de démarrage. C'est en agissant

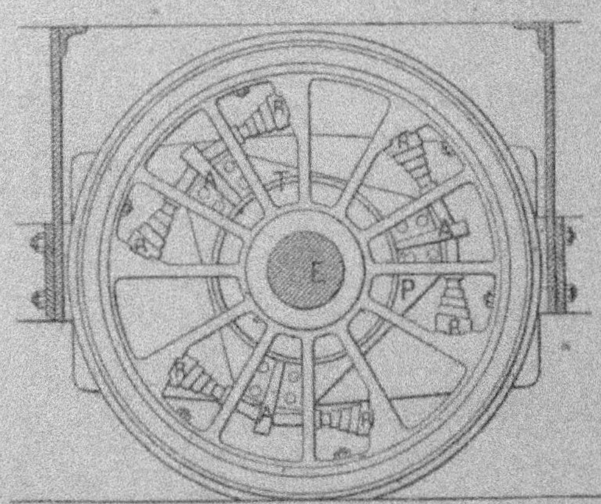

Fig. 303.

sur l'excitation que l'on fait varier la puissance des deux dynamos génératrices, en augmentant ou en diminuant le champ inducteur de celles-ci.

Le couplage des moteurs, pour les différentes phases de la marche, s'obtient au moyen d'un appareil de manœuvre C placé à l'avant de la machine.

**30. Résultats obtenus.** — Le but que l'on poursuivait en construisant cette machine était d'obtenir une plus grande régularité de marche, grâce à l'emploi de moteurs rotatifs supprimant complètement les mouvements de galop et de lacet qui se produisent dans les locomotives à vapeur par suite du déplacement alternatif des pièces du mécanisme moteur. Les vitesses ainsi obtenues devaient être supérieures à celles de ces dernières machines, tout en fatiguant moins la voie.

Ce système est évidemment une très bonne solution de la traction électrique à grande vitesse, car elle permet une complète indépendance des locomotives, tout en ne nécessitant pas les frais énormes résultant de l'équipement électrique des voies pour l'alimentation par fil de travail ; malheureusement, les essais pratiques effectués avec cette machine, en 1894, par la Compagnie des chemins de fer de l'Ouest, sur les lignes de Paris à Mantes et de Beuzeville au Havre, n'ont pas donné de très bons résultats et ce système est, pour le moment, abandonné.

Voici quelques renseignements complémentaires sur cette locomotive :

La puissance fournie à la machine à vapeur est de 1.350 chevaux ; le rendement de cette machine est de 85 pour 100 ; celui des dynamos de 90 pour 100 et celui des moteurs de 90 pour 100, avec une perte de 2 pour 100 dans les canalisations et connexions. Il en résulte un rendement moyen de 67 pour 100, c'est-à-dire une puissance utile de 900 chevaux-vapeur environ.

L'effort de traction au crochet d'attelage est de 1.600 kilos, c'est-à-dire de 640 chevaux-vapeur pouvant remorquer 250 à 300 tonnes à la vitesse de 100 kilomètres à l'heure, en palier.

La vitesse moyenne obtenue aux essais a été de 76 kilomètres à l'heure avec une charge de 70 tonnes et la vitesse maximum de 108 kilomètres à l'heure.

La dépense de combustible a oscillé, suivant les essais, entre 7 et 4 kilos par kilomètre, pour une charge totale, y compris la machine, de 180 tonnes, mais a toujours été en décroissant.

Tous les essieux étant moteurs, les démarrages se font facilement et rapidement.

**31. Automobile sur rails de la North Eastern Railway C[e].** — La Compagnie anglaise du North Eastern

Railway a récemment fait construire une voiture automobile électrique sur rails, basée sur le même principe que la locomotive Heilmann.

Cette voiture, montée sur 2 bogies à 2 essieux, mesure 15 m. 50 de longueur et 2 m. 40 de largeur ; son poids est de 35 tonnes. Elle comporte, à chaque extrémité, une cabine pour le mécanicien, contenant les différents appareils de manœuvres. La partie centrale est divisée en 3 compartiments-salons pouvant contenir en tout 52 voyageurs.

Dans la cabine avant, se trouve, en outre, le groupe électrogène pour la production de courant, constitué par un moteur à pétrole actionnant directement une dynamo génératrice de 55 kilowatts.

Le moteur, d'une puissance de 80 chevaux, est à 4 cylindres de 0 m. 21 de diamètre et de 0 m. 25 de course. Sa vitesse de rotation, en marche normale, est de 420 tours par minute, mais peut être portée à 480.

La dynamo est à enroulement compound, l'un des enroulements étant alimenté par une excitatrice spéciale actionnée, au moyen d'une courroie, par le moteur à pétrole. Cette excitatrice fournit en outre le courant nécessaire à l'éclairage de la voiture.

Le courant se rend, par l'intermédiaire d'un contrôleur série-parallèle à deux moteurs qui commandent les essieux du bogie d'avant par l'intermédiaire d'un engrenage à simple réduction de vitesse dans le rapport de 18 à 64.

Ces moteurs sont du type Westinghouse, excités en série, et ont chacun une puissance de 55 chevaux.

La voiture comprend, en outre, une batterie d'accumulateurs de 38 éléments, intercalée en dérivation dans le circuit d'alimentation des moteurs. Cette batterie, d'une capacité de 120 ampères-heure, se charge lorsque la dynamo produit une puissance supérieure à celle nécessaire pour faire marcher la voiture à sa vitesse normale et l'on a recours à l'énergie emmagasinée, lorsqu'on a besoin d'un supplément de puissance pour gravir les rampes.

La mise en marche du moteur à pétrole s'effectue en envoyant du courant, provenant des accumulateurs, dans la dynamo génératrice qui fonctionne ainsi momentanément comme moteur.

Après le démarrage, on règle la tension de la dynamo à 400 volts, au moyen de l'excitation, et on augmente ensuite graduellement cette tension jusqu'à 550 volts, correspondant à une vitesse de marche de 58 kilomètres à l'heure.

La manœuvre se fait d'une cabine ou de l'autre, suivant le sens de la marche.

# CHAPITRE SIXIÈME

## CHEMINS DE FER A TRACTION ÉLECTRIQUE

**32. Lignes exploitées.** — Il existe, en France, quelques lignes de chemins de fer exploitées au moyen de la traction électrique. Ce sont les lignes de : Paris-Invalides à Versailles (Compagnie de l'Ouest) ouverte en 1900 ; Paris-Orsay à Juvisy (Compagnie d'Orléans) ouverte entre les gares d'Orsay et d'Austerlitz en 1900 et jusqu'à Juvisy en 1904 ; Le Fayet à Chamonix (Compagnie P.-L.-M.) ouverte en 1901 et enfin le Métropolitain de Paris, dont nous parlerons plus loin.

Sur toutes ces lignes, le système employé est celui à prise de courant permanente le long de la voie. Ce courant est distribué au moyen d'un rail conducteur spécial et le retour se fait par les rails de roulement.

Le matériel roulant servant à la traction se compose soit de locomotives électriques remorquant des voitures ordinaires, soit de voitures automotrices accouplées ensemble et toutes commandées de la plate-forme d'avant de la première voiture au moyen d'un commutateur unique et de connexions spéciales, ainsi que nous le verrons au chapitre suivant.

**33. Ligne des Invalides à Versailles.** — C'est la première ligne de chemin de fer à traction électrique ouverte en France. Elle mesure 17 kilomètres de longueur et est en rampe continue de 10 millimètres par mètre de Paris à Versailles, sauf dans les stations où elle n'est que de 5 millimètres et sous le tunnel de 3.360 mètres de longueur, que comporte cette ligne, où elle est de 8 millimètres. On rachète ainsi la différence de niveau existant entre les deux gares de Paris-Invalides et Versailles, et qui est d'environ 80 mètres.

La ligne franchit la vallée d'Issy au moyen de plusieurs viaducs en maçonnerie et de quelques remblais.

Le premier viaduc, que l'on rencontre en partant de Paris, a une longueur de 210 mètres et une hauteur de 11 mètres ; il est formé par une série de 6 arches en maçonnerie, un tablier métallique de 30 mètres de portée et une autre série de 3 arches.

Le second viaduc a une longueur de 553 mètres et une hauteur variant de 6 à 15 mètres. Il se compose de trois parties : la première comprenant 21 arches en maçonnerie dont deux de 20 mètres et les autres de 12 m. 70 d'ouverture ; la seconde, un tablier métallique de 35 mètres de longueur, et la troisième, 9 arches de 12 m. 70.

La longueur du troisième viaduc, entièrement en maçonnerie, est de 96 mètres et sa hauteur de 10 mètres. Il est formé de 4 arches de 18 m. 50 d'ouverture.

Le quatrième viaduc, dont la longueur est de 419 mètres et la hauteur moyenne de 20 mètres, comprend d'abord une série de 6 arches, puis un tablier métallique en 2 portées de chacune 31 mètres supportées, en leur point de jonction, par deux colonnes en acier laminé, et enfin, une série de 8 arches de 18 mètres d'ouverture.

Le cinquième et dernier viaduc se compose de 8 arches en arc de cercle de 12 m. 70 d'ouverture, établies à flanc de coteau, et 3 arches elliptiques de 25 et 30 mètres d'ouverture.

La ligne passe ensuite sous le viaduc du chemin de fer de Paris-Montparnasse à Versailles, puis s'engage dans le tunnel creusé sous la forêt de Meudon.

Ce souterrain qui, comme nous l'avons dit, est en rampe de 8 millimètres par mètre vers Versailles, mesure 3.360 mètres de longueur. Les 240 premiers mètres sont en courbe de 600 mètres de rayon, les 530 mètres suivants en courbe de 950 mètres et le reste en alignement droit. Il est entièrement construit en maçonnerie et sa hauteur sous clef de voûte est de 7 m. 50 avec une largeur de 9 mètres.

Le tunnel traversant, en son milieu, une nappe de sables boulants, c'est-à-dire de sables très fins unis à un dixième d'eau, la voûte et les piédroits ont été renforcés sur une longueur de 40 mètres de la manière suivante : la maçonnerie atteint une épaisseur de 1 m. 60 et est recouverte entièrement d'une chape en ciment ; à l'intérieur, se trouve une armature en tôle galvanisée laissant entre elle et la maçonnerie un certain intervalle dans lequel on a injecté du ciment, et le tout est soutenu par une chape intérieure en béton armé.

Les difficultés d'aération de ce souterrain ont grandement contribué, ainsi que la pénétration, à ciel ouvert, de la ligne à l'intérieur de Paris, à l'abandon de la traction à vapeur et à l'adoption de la traction électrique.

Un peu avant Versailles, se trouve la bifurcation de Porchefontaine, où les différentes lignes de Paris-Invalides à Versailles R. G., de Paris-Montparnasse à Versailles R. G. et Chantiers et Paris-Saint-Lazare à Versailles Chantiers passent les unes sur les autres de façon à se raccorder sans que les voies montantes coupent les voies descendantes et réciproquement.

La voie est constituée par des rails à double champignon

dissymétrique de 18 mètres de longueur, pesant 46 kil. 250 par mètre courant et reposant sur 26 traverses par l'intermédiaire de coussinets en fonte.

L'énergie électrique, nécessaire pour l'exploitation de la ligne, est produite par l'usine génératrice des Moulineaux, située en bordure de la ligne du chemin de fer de Paris-Saint-Lazare à Paris-Invalides par les Moulineaux, entre celle-ci et la Seine dont elle n'est séparée que par une route.

Cette usine, dont la puissance totale est de 7.200 kilowatts, fournit du courant électrique, non seulement à la Compagnie de l'Ouest, mais encore au Métropolitain et à diverses lignes de tramways de la région. Elle comprend 9 groupes électrogènes formés chacun d'une machine à vapeur horizontale à condenseur accouplée directement à un alternateur triphasé.

La force motrice est fournie par 29 chaudières semi-tubulaires, du type Meunier, réunies par groupes de trois. Chacun de ces groupes alimente, par l'intermédiaire d'un collecteur-réchauffeur de vapeur, une des 9 machines motrices.

Les chaudières timbrées à 12 kilos présentent chacune une surface de chauffe de 235 mètres carrés et une surface de grille de 3 mq. 8850. Le diamètre des bouilleurs est de 0 m. 90 et celui des tubes, au nombre de 118, de 0 m. 10. La longueur du corps cylindrique est de 5 m. 40 et son diamètre de 2 m. 30.

On utilise, pour l'alimentation, une partie de l'eau de condensation, qui est refoulée dans les chaudières au moyen de pompes montées sur les machines à vapeur. Six pompes centrifuges, actionnées chacune par un moteur électrique à courant continu de 50 chevaux, puisent directement à la Seine l'eau nécessaire à la condensation et aux divers services de l'usine.

Les machines à vapeur comprennent six machines du modèle Dujardin et trois du système Corliss, modèle Garnier.

Les premières sont à triple expansion et à 4 cylindres dont un à haute pression de 0 m. 65 de diamètre, un à moyenne pression de 1 m. 10 de diamètre et deux à basse pression de 1 m. 10 de diamètre, avec une course commune de 1 m. 35. La puissance normale de chacune d'elles est de 1.350 chevaux et la puissance maximum de 1.700 chevaux.

Les machines Corliss comprennent deux cylindres, dont celui à haute pression a un diamètre de 0 m. 71 et celui à basse pression de 1 m. 32, avec une course commune de 1 m. 30. Leur puissance est la même que celle des machines Dujardin.

Les alternateurs, du type Westinghouse, sont à inducteur tournant et comprennent 80 pôles. La puissance normale de chacun d'eux est de 800 kilowatts à 80 tours par minute, et leur puissance maximum de 1.100 kilowatts.

Les inducteurs sont feuilletés et leur poids est de 18 tonnes. Les bobines inductrices sont toutes groupées en série et le courant d'excitation est amené au moyen de deux bagues isolées montées sur l'arbre.

L'induit se compose de segments de tôle isolés. Son enroulement est formé par une bande de cuivre plate isolée et dont les champs sont dénudés ; il comprend quarante-neuf spires par pôle.

La fréquence est de 25 et le rendement de 94 pour 100.

Les alternateurs sont excités par du courant continu à 110 volts dont l'intensité est de 175 ampères à vide, et 195 à pleine charge. Ce courant est produit par quatre groupes électrogènes composés chacun d'un moteur à vapeur compound, à simple effet, attaquant directement une dynamo Westinghouse tournant à 290 tours par minute.

Le diamètre des cylindres à haute pression des moteurs est de 0 m. 330 et celui des cylindres à basse pression de 0 m. 558 avec une course commune pour les pistons de 0 m. 330.

Les dynamos sont à enroulement compound, avec inducteurs feuilletés ; l'induit, à tambour, mesure 0 m. 863 de diamètre. Ces machines fournissent, en outre du courant nécessaire à l'excitation des alternateurs, l'énergie électrique utilisée pour l'éclairage et les divers services de l'usine.

Le tableau de distribution comprend dix-huit panneaux, dont quatre pour les excitatrices, neuf pour les alternateurs et cinq pour l'alimentation des feeders.

Chaque panneau du tableau de distribution des excitatrices comporte un interrupteur ordinaire, un disjoncteur, un ampèremètre et un rhéostat d'excitation. En outre, le tableau comprend deux voltmètres pour l'ensemble des quatre dynamos.

Le tableau de distribution des alternateurs comprend, pour chacun des neuf panneaux, un interrupteur de couplage de ces machines solidaire d'un interrupteur automatique, un ampèremètre pour chacun des trois circuits de la ligne et un ampèremètre, un wattmètre et un rhéostat pour l'ensemble des neuf panneaux.

Avant d'arriver aux appareils de mesure, le courant passe par des transformateurs qui réduisent sa tension.

Les panneaux des feeders comprennent chacun un interrupteur ordinaire et un disjoncteur automatique enclenchés ensemble, un compteur et trois ampèremètres, dont un pour chaque phase.

Au-dessous du tableau de distribution, se trouve un tableau de comptage comprenant des interrupteurs et des compteurs pour mesurer le courant au sortir de l'usine.

Le transport du courant triphasé à 5.000 volts, produit

par l'usine des Moulineaux, est assuré par des câbles armés à trois conducteurs. Chacun de ces conducteurs est formé de fils de cuivre tordus ensemble et présentant un diamètre variant entre 15 et 10 millimètres, suivant leur point d'éloignement de l'usine.

Les fils de la couche extérieure du toron sont isolés avec du papier et chaque conducteur est lui-même isolé de la même façon. Ces trois conducteurs sont ensuite tordus ensemble avec interposition de jute et entourés de cellulose ; puis on les recouvre de deux couches de plomb séparées par une couche de brai. On entoure ensuite le câble avec un filin goudronné et, par-dessus, on place l'armature formée de deux torsades de feuillard enroulées dans le même sens, les joints de l'une étant recouverts par l'autre. Enfin, on entoure le tout d'une toile asphaltée.

Ces câbles essayés à une tension d'épreuve de 11.000 volts, présentent une résistance d'isolement garantie de 1.000 mégohms par kilomètre, mais celle qui a été obtenue en pratique est de beaucoup plus élevée. Ils sont établis sous terre, le long de la ligne du chemin de fer, à une profondeur d'environ 0 m. 50.

Le courant triphasé est amené de l'usine génératrice à une cabine de sectionnement, située au pont de Passy, et de laquelle partent cinq nouveaux câbles dont deux allant à la sous-station de traction du Champ-de-Mars, deux à la sous-station d'éclairage des Invalides et un à Courcelles pour assurer l'éclairage des gares de la ligne de Courcelles au Champ-de-Mars. On peut, au moyen de cette cabine, isoler complètement une des lignes qui en partent ou y arrivent sans interrompre le fonctionnement des autres.

Deux autres câbles partent de l'usine des Moulineaux et se dirigent vers les sous-stations de traction de Meudon et de Viroflay.

Les trois sous-stations de traction, qui sont identiques,

comprennent chacune quatre groupes de trois transformateurs monophasés abaissant la tension du courant triphasé de 5.000 à 330 volts et quatre *commutatrices* (dynamos transformatrices à deux collecteurs) alimentées par le courant triphasé à 330 volts et produisant du courant continu à 550 volts. Ces sous-stations ne comportent pas de batteries d'accumulateurs.

Le refroidissement des transformateurs est assuré par un ventilateur actionné par un moteur asynchrone de 3 chevaux. Leurs connexions étant faites en triangle, si l'un des appareils de chaque groupe vient à subir une avarie, le service est momentanément assuré par les deux autres.

Le courant d'alimentation des commutatrices est ramené à 330 volts en raison de la différence de potentiel existant entre le courant alternatif et le courant continu. On sait, en effet, qu'à une tension de 550 volts en continu, correspond une tension plus basse d'alternatif, que l'on a reconnu être en pratique, pour le cas qui nous occupe, de 60 pour 100. La tension du courant alternatif correspondant à celle du continu à 550 volts devra donc être de : $0,60 \times 550 = 330$ volts.

Les commutatrices, montées avec fil d'équilibre, sont du type Thomson-Houston à six pôles et induit en tambour de 0 m. 914 de diamètre. Leur puissance normale, à 500 tours par minute, est de 300 kilowatts et leur puissance maximum de 450 kilowatts. Le courant triphasé arrive par trois bagues isolées et l'on recueille le courant continu sur un collecteur à 432 lames placé de l'autre côté.

Pour régler la tension du courant continu, on agit sur celle du courant alternatif au moyen d'un régulateur de potentiel donnant une variation de 20 volts pour chaque phase.

La mise en marche des commutatrices se fait en utilisant momentanément le côté à courant continu comme moteur, en y envoyant du courant produit par une dynamo de

40 kilowatts actionnée par un moteur asynchrone connecté en triangle.

Le tableau de distribution du courant alternatif est composé de sept panneaux, dont quatre pour les commutatrices, deux pour l'arrivée du courant à haute tension et un pour le groupe de démarrage. Il comprend, en outre, les appareils de mesure et les interrupteurs dont les manettes seules sont accessibles afin d'éviter toute possibilité d'accident.

Le tableau de distribution du courant continu comprend sept panneaux, savoir : un pour le groupe de démarrage, quatre pour les commutatrices et deux pour le départ du courant.

Le circuit conducteur est constitué par des rails à double champignon dissymétrique identiques à ceux de roulement, c'est-à-dire mesurant 18 mètres de longueur et pesant 46 kil. 250 par mètre courant. Ces rails sont posés sur des coussinets en fonte reposant sur des isolateurs en bois de hêtre paraffiné fixés, tous les 4 mètres environ, sur les extrémités des traverses de la voie prolongées. Ils sont placés à 0 m. 20 au-dessus du niveau des rails de roulement et à 0 m. 60 du plus voisin.

La réunion des différents bouts de rails se fait au moyen d'éclisses légères en acier, à quatre boulons, recouvrant des éclissages électriques.

La voie est divisée en sections d'un kilomètre, isolées les unes des autres, et reliées aux sous-stations. A chaque changement de section se trouve une boîte de sectionnement permettant d'isoler une section d'un kilomètre tout en laissant subsister le courant dans les autres.

La prise de courant s'effectue au moyen de deux patins, légèrement arrondis, qu'un ressort fait presser sur les rails en tendant à les rapprocher.

La Compagnie possède dix locomotives électriques (ou

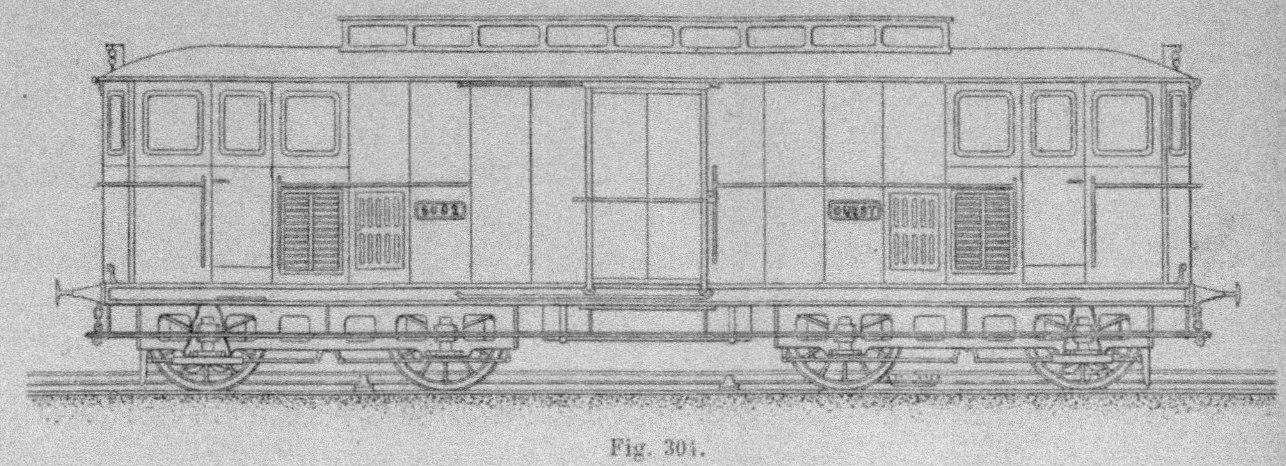

Fig. 304.

locomoteurs) destinées à remorquer les trains formés avec du matériel roulant ordinaire (fig. 304).

Ces locomoteurs se composent d'un compartiment central, formant fourgon à bagages, et de deux cabines pour le mécanicien, placées à chaque extrémité du véhicule, et comportant chacune les mêmes appareils de manœuvre. Ils sont montés sur deux bogies à deux essieux dont l'écartement est de 2 m. 60 ; la distance entre les axes des bogies est de 7 mètres et l'empattement total de 9 m. 60. Leur longueur entre les tampons est de 13 mètres et leur poids de 50 tonnes environ. Le diamètre des roues est de 1 m. 31.

Ces locomoteurs peuvent remorquer une charge nette de 150 tonnes, à la vitesse de 50 kilomètres à l'heure en gravissant la rampe de Paris à Versailles.

Les patins de prise de courant sont au nombre de quatre, deux de chaque côté du véhicule.

Toutes les roues sont motrices ; il y a donc quatre moteurs qui sont invariablement groupés deux par deux. On réunit ces deux groupes, soit en série, soit en parallèle, au moyen d'un contrôleur analogue à celui que nous avons décrit pour les tramways.

Les résistances sont placées dans des coffres, ainsi que la pompe à air du frein actionnée par un petit moteur spécial se mettant automatiquement en marche lorsque la pression dans le réservoir descend au-dessous d'une certaine limite.

Les moteurs sont fixés après le châssis des bogies. Six de ces locomotives ont des moteurs, à action directe des types Westinghouse ou Brown Boveri et quatre des moteurs à réduction, dans le rapport de un à trois du type Thomson-Houston. Ces moteurs, d'une puissance de 200 chevaux chacun, entraînent les roues au moyen d'une commande élastique analogue à celle de la locomotive Heilmann.

Les moteurs à action directes sont à six pôles avec induit

à tambour en série et ceux à engrenage, à quatre pôles et même induit.

La compagnie de l'Ouest possède, en outre, des trains dits *à unités multiples* des systèmes Sprague et Thomson-Houston, dans lesquels tout ou partie des véhicules du train sont automoteurs, et dont nous examinerons un peu plus loin le fonctionnement.

**34. Ligne de Paris-Quai d'Orsay à Juvisy.** — La ligne ouverte en 1900 par la compagnie d'Orléans pour relier l'ancienne gare terminus du quai d'Austerlitz à la nouvelle, située sur le quai d'Orsay, étant presqu'entièrement en souterrain et s'étendant sur une longueur de 4 kilomètres, cette Compagnie a également adopté la traction électrique pour la remorque des trains entre ces deux gares. En outre, cette ligne électrique a été prolongée, en 1904, jusqu'à Juvisy et elle s'étend maintenant sur une longueur totale de 23 kilomètres.

La voie ayant été doublée, à la même époque, entre Paris et Brétigny, soit sur un parcours de 36 kilomètres, on a affecté les voies centrales aux trains de grandes lignes et les voies latérales aux trains de banlieue. Ces derniers sont tous remorqués électriquement jusqu'à Juvisy, tandis que ce mode de traction n'est employé, pour les trains de grande ligne, qu'entre les gares d'Orsay et d'Austerlitz, le service étant assuré au delà de cette dernière gare par des locomotives à vapeur.

L'énergie électrique est produite, par l'usine génératrice d'Ivry, sous forme de courant triphasé à 5.500 volts, converti en courant continu à 550 volts dans trois sous-stations, situées : au quai d'Orsay, à Ivry et à Ablon.

La puissance totale de l'usine génératrice est de 3.000 kilowatts en marche normale, mais peut atteindre, au besoin, plus de 4.000 kilowatts.

Cette usine renferme douze chaudières timbrées à 13 kilos,

dont huit de 186 mètres carrés de surface de chauffe chacune, avec surchauffeur de vapeur de 26 mètres carrés et quatre chaudières présentant chacune une surface de chauffe de 210 mètres carrés avec surchauffeur de 31 mètres carrés.

Les surchauffeurs permettent d'obtenir une augmentation de température de la vapeur, d'une cinquantaine de degrés environ.

L'alimentation en combustible de ces chaudières, se fait par l'intermédiaire de transporteurs et de trémies de chargement automatiques commandées électriquement au moyen d'un dispositif permettant de proportionner l'arrivée du combustible à la charge de l'usine.

L'alimentation en eau s'effectue au moyen de pompes commandées par les machines à vapeur et par quatre pompes indépendantes. Avant d'arriver dans les chaudières, l'eau circule dans deux réchauffeurs, comprenant l'un 448 tubes et l'autre 400, et qui élèvent sa température à une soixantaine de degrés.

Les résidus provenant de la combustion, sont enlevés automatiquement par un transporteur horizontal les chargeant dans des wagons par l'intermédiaire d'une chaîne à godets.

L'usine comprend trois groupes électrogènes composés chacun d'une machine à vapeur horizontale, commandant directement un alternateur triphasé dont la puissance est normalement de 1.000 kilowatts, à la vitesse de 75 tours par minute, mais pouvant être portée à 1 500 kilowatts.

Les machines à vapeur sont à triple expansion et à six cylindres. Deux de ces machines sont munies de tiroirs cylindriques, tandis que la distribution se fait dans la troisième au moyen de pistons-valves.

Les alternateurs, établis pour que leur température ne dépasse pas de plus de 40 degrés la température ambiante après 10 heures de fonctionnement, peuvent supporter une surcharge de 25 pour 100 pendant 2 heures et de 50 pour 100 pendant quelques minutes. Ils comprennent chacun quarante pôles.

Le courant continu d'excitation est fourni, avant le démarrage, par deux groupes électrogènes comprenant, l'un une dynamo de 20 kilowatts et l'autre une dynamo de 40 kilowatts, actionnées chacune par un moteur à vapeur vertical à grande vitesse. Après la mise en marche des alternateurs, le courant d'excitation est produit par une dynamo de 60 kilowatts actionnée par un alternomoteur synchrone.

Le tableau de distribution à haute tension, comprenant les différents feeders avec leurs plombs fusibles, les interrupteurs, les disjoncteurs et les appareils de mesure, est situé sur une passerelle surélevée dans la salle des machines. Ces appareils sont commandés à distance.

En avant de la passerelle se trouve le tableau de manœuvre comportant les appareils de mesure et de commande des alternateurs et des excitatrices. Dans aucun de ces instruments, la tension ne dépasse 150 volts.

Les appareils pouvant présenter quelque danger, tels que réducteurs de tension des instruments de mesure, interrupteurs à haute tension, etc., sont enfermés dans vingt petites cabines en ciment armé, placées derrière la passerelle.

La charge totale de l'usine peut être partagée, dans une proportion convenable, en deux parties distinctes : l'une pour le service de l'éclairage et l'autre pour celui de la traction, au moyen de deux groupes de barres omnibus triphasées, à haute tension, auxquelles sont reliés tous les feeders et alternateurs.

Les trois sous-stations de transformation sont reliées à l'usine génératrice par l'intermédiaire de câbles composés de trois conducteurs de 80 millimètres carrés de section chacun, isolés par une enveloppe en papier spécial de 10 millimètres d'épaisseur et pouvant supporter une tension de 11.000 volts, c'est-à-dire le double de la tension normale.

De l'usine génératrice, partent deux canalisations souterraines à deux câbles de trois conducteurs chacune, dont l'une se rend à la sous-station d'Orsay et l'autre à celle d'Ablon.

Sur le chemin de cette dernière se trouvent trois cabines de sectionnement, situées à Vitry, à Choisy-le-Roi et au Chevaleret, qui divisent ainsi la ligne en quatre sections. Ces cabines permettent d'isoler momentanément un des câbles d'une section, en cas d'avarie, sans interrompre le courant sur les autres. Les différentes combinaisons, entre les câbles aboutissant dans les cabines, sont effectuées au moyen d'interrupteurs à lames et à huile.

La sous-station d'Orsay se compose de deux groupes convertisseurs comprenant chacun un transformateur et une commutatrice de 250 kilowatts, ainsi qu'une batterie d'accumulateurs de 290 éléments d'une capacité totale de 650 kilowatts pour le régime de décharge en une heure avec une tension de 600 volts. Ces accumulateurs peuvent être rechargés, sous une tension de 800 volts, par l'adjonction d'un *survolteur*, c'est-à-dire d'une petite dynamo intercalée en série dans le circuit de charge et fournissant le supplément de tension nécessaire, soit de 1 à 200 volts. Ce survolteur est commandé, au moyen d'une courroie de transmission, par l'une des commutatrices.

Dans la sous-station d'Ivry, se trouvent trois groupes convertisseurs avec transformateurs, dont deux composés chacun d'une commutatrice hexaphasée de 500 kilowatts et un d'une commutatrice triphasée de 250 kilowatts. La sous-station renferme, en outre, une batterie d'accumulateurs de 260 éléments, présentant une capacité de 650 kilowatts.

La troisième sous-station, celle d'Ablon, comprend une

batterie d'accumulateurs d'une capacité de 900 kilowatts, avec survolteur pour le rechargement et trois groupes convertisseurs avec transformateurs. Deux de ces groupes se composent chacun d'une commutatrice hexaphasée de 500 kilowatts, donnant 625 volts du côté du courant continu pour 440 volts du côté alternatif; le troisième groupe comprend une commutatrice triphasée de 250 kilowatts.

Le refroidissement des transformateurs est assuré, dans chaque sous-station, par deux ventilateurs actionnés par des moteurs synchrones marchant sous 375 volts et 25 périodes.

Les tableaux de distribution de ces trois sous-stations comprennent des interrupteurs à huile avec fusible pour celles d'Orsay et d'Ivry et à déclenchement automatique pour celle d'Ablon.

Le rail de prise de courant est constitué, pour la section d'Orsay à Austerlitz, par deux rails jumelés de 38 kilos chacun par mètre de longueur. Le retour du courant a lieu par les quatre files de rails de roulement, pesant également 38 kilos par mètre.

Dans la section comprise entre Austerlitz et Juvisy, le rail conducteur est formé par un rail Vignole de 44 kilos par mètre, enserré entre deux rails de 28 kilos, ce qui donne un poids total de 100 kilos par mètre courant. Le circuit de retour comprend les huit files de rails de roulement des quatre voies.

Le matériel roulant équipé électriquement comprend onze locomotives dont huit à cabine centrale et trois à deux cabines à chaque extrémité avec fourgon au milieu et cinq voitures automotrices.

Chacune des huit locomotives à cabine centrale (fig. 305) a une longueur totale, entre tampons, de 10 m. 61 et pèse 45 tonnes. Elles sont montées sur deux bogies à deux essieux chacun ; ceux-ci sont écartés de 2 m. 39 et la distance entre les axes des bogies est de 4 m. 88.

Les moteurs au nombre de quatre, un par essieu, sont du type Thomson-Houston et ont chacun une puissance de 270 chevaux. Ils commandent les essieux par l'intermédiaire d'un engrenage dont le rapport est de 2,23.

Une de ces locomotives, destinée à remorquer les trains lourds et à effectuer des manœuvres dans les gares, est

Fig. 305.

munie de moteurs dont le rapport d'engrenage est de 4,1.

Les moteurs sont réunis par groupes de deux en parallèle, ceux-ci pouvant être mis en série ou en parallèle, au moyen d'un contrôleur ordinaire.

Les trois locomoteurs à fourgon au milieu et cabine à chaque extrémité sont analogues à ceux de la Compagnie de l'Ouest. Leur système moteur est semblable à celui des précédents.

Les cinq automotrices comportent une cabine pour le mécanicien à chaque extrémité, un fourgon à bagages et quatre compartiments de 3e classe. Elles sont montées sur deux bogies à deux essieux. Leur longueur totale entre tampons est de 17,30 et leur poids de 42 tonnes (fig. 306).

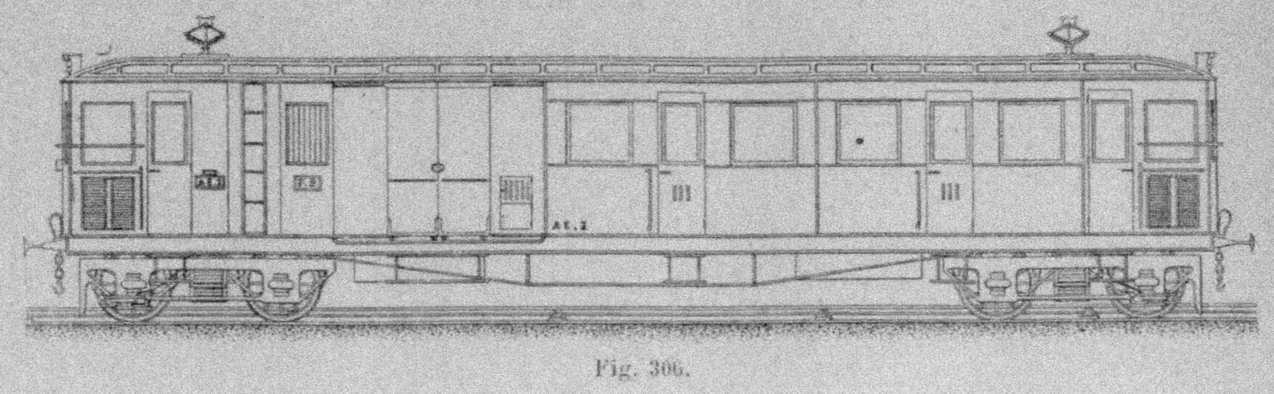

Fig. 306.

Afin d'écarter tout danger d'incendie, les cabines sont métalliques et la caisse est en bois ignifugé.

Les moteurs, au nombre de quatre, un par essieu, ont chacun une puissance de 125 chevaux. La commande peut se faire de l'une quelconque des deux cabines.

Ces automotrices sont équipées avec le système à unités multiples Thomson-Houston, que nous décrirons au chapitre suivant.

On attelle une de ces automotrices à chaque extrémité d'un train de trois ou quatre voitures ordinaires comportant seulement, sur toute leur longueur, des câbles de jonction raccordés entre les voitures. Un convoi ainsi formé peut parcourir en 15 minutes les 19 kilomètres séparant la gare d'Austerlitz de celle de Juvisy.

La prise de courant de tous ces locomoteurs ou automotrices se fait par l'intermédiaire de deux patins de frottement placés de chaque côté des véhicules. Il existe, en outre, une autre prise de courant placée sur les cabines, pour les endroits où les croisements étant trop nombreux, ceux-ci nécessitent des coupures du rail latéral. Un conducteur d'alimentation est, dans ce cas, suspendu à la voûte du tunnel.

**35. Ligne du Fayet à Chamonix.** — La ligne du Fayet à Chamonix, construite par la Compagnie du Paris-Lyon-Méditerranée, comme prolongement de celle à voie normale et à traction à vapeur d'Annemasse au Fayet, est à voie unique d'un mètre d'écartement et s'étend sur une longueur de 19 kilomètres en rachetant une différence de niveau de 457 mètres.

Son profil, qui est des plus accidentés, comporte deux très fortes rampes dont l'une a une longueur de 2.145 mètres et une inclinaison de 90 millimètres par mètre, tandis que l'autre s'étend sur une longueur de 1.386 mètres avec une inclinaison de 80 millimètres par mètre. Il existe, en outre, beaucoup d'autres rampes, mais qui ne sont pas supérieures à 20 millimètres par mètre. Le rayon minimum des courbes est de 150 mètres.

C'est en raison de ces rampes que les locomotives à vapeur à simple adhérence auraient été impuissantes à remonter et aussi parce qu'on disposait, sous forme de chutes d'eau, d'une force motrice considérable, que l'on a été amené à employer la traction électrique.

Le nombre d'ouvrages d'art de cette ligne est naturellement très élevé. Parmi les principaux on peut citer une vingtaine de murs de soutènement édifiés afin d'éviter des remblais considérables le long des pentes par trop abruptes et sept ponts ou viaducs en maçonnerie ou métalliques.

Le plus important de ces viaducs est celui de Sainte-Marie, d'une hauteur de 52 mètres et comprenant sept arches en maçonnerie de 15 mètres d'ouverture et une de 25 mètres, toutes en plein cintre. Ce viaduc est en courbe de 200 mètres sur les deux premières arches, en alignement droit sur les deux suivantes et en courbe de 165 mètres sur les quatre dernières.

Citons également le pont des Egrats, à tablier métallique, avec écartement entre les deux culées de 45 mètres et sur lequel la voie est en rampe de 90 millimètres.

La ligne traverse, en outre, trois tunnels de 65, 126 et 73 mètres de longueur percés dans le schiste. Ces souterrains ont une hauteur commune sous clef de voûte de 5 m. 25 et une largeur de 4 m. 25.

La voie est à écartement d'un mètre et constituée par des rails Vignole de 12 mètres de longueur et pesant 34 kilos 200 au mètre courant. Ces rails reposent sur 19 traverses espacées de 54 centimètres près des joints et 95 centimètres vers le milieu.

Dans les fortes pentes, on a placé au milieu de la voie un

rail supplémentaire dit de *freinage* pouvant être enserré par les mâchoires d'un frein spécial placé sous chaque voiture. Ce rail, identique à ceux de roulement, se trouve placé à 6 centimètres au-dessus de leur niveau ; il est tirefonné sur des tasseaux en bois solidement fixés aux traverses de la voie.

Afin d'empêcher le glissement longitudinal de la voie sous l'action des trains freinés dans les fortes pentes, les traverses viennent s'appuyer de distance en distance sur des bouts de rails de 1 m. 20 de longueur enfoncés à peu près verticalement dans le sol avec une inclinaison de un dixième vers le sommet de la rampe et solidement bourrés. Tous les 100 mètres environ, ces rails sont noyés dans des massifs de maçonnerie.

Le rail de prise de courant, semblable à ceux de roulement, est placé à 0 m. 23 au-dessus du plan de la voie et à 1 m. 085 de son axe. Il est supporté, tous les 3 m. 40, par des cales en bois paraffiné qui assurent un bon isolement, la perte de courant étant inférieure à 1 ampère par kilomètre, même en temps de pluie ou de neige. Ce fait s'explique par la raison que, l'atmosphère de cette région étant extrêmement pure, les eaux de pluie ne contiennent pas de traces ammoniacales ou acides pouvant augmenter la conductibilité.

Les rails conducteurs sont reliés électriquement entre eux au moyen de deux câbles en fils de cuivre de 24 millimètres de diamètre, portant soudée à chacune de leurs extrémités une patte en fonte. Ces pattes, placées de chaque côté de l'âme du rail, à une distance de 0 m. 465 de son extrémité, sont réunies par un boulon qui les traverse ainsi que le rail.

La résistance du joint du rail conducteur, ainsi équipé, varie de 0,000065 ohm à 0,000088 ohm entre deux points placés à 50 centimètres de part et d'autre du joint. Quant à la résistance du rail lui-même, elle est de 0,000049 ohm par mètre courant.

Le joint électrique des rails de roulement est analogue à celui du rail de prise de courant, seulement on n'emploie qu'un câble au lieu de deux. En outre, tous les 500 mètres, il existe, entre les deux files de rails de roulement, une connexion transversale constituée par un câble de cuivre de 24 millimètres de diamètre.

Aux passages à niveau, le rail de prise de courant est interrompu sur une longueur de 5 mètres environ et s'abaisse aux extrémités de quelques centimètres pour la reprise des patins de frottement. La liaison électrique est assurée entre les deux parties du rail conducteur au moyen de deux câbles souterrains.

L'interruption du rail conducteur aux passages à niveau n'a aucune importance car, ainsi que nous le verrons plus loin, toutes les voitures étant motrices, chacune d'elles est munie de frotteurs de prise de courant. En outre, lors même qu'il s'agirait d'une voiture seule, la vitesse acquise suffirait amplement pour faire franchir l'espace dépourvu de rail conducteur.

L'énergie électrique est fournie sous forme de courant continu à 550 volts par deux usines hydrauliques situées : l'une au kilomètre 5 près de Servoz et l'autre au kilomètre 8 près des Chavants. La puissance de ces usines a été calculée de façon à pouvoir faire circuler un second train montant à quinze minutes d'intervalle du précédent.

La force motrice de l'usine de Servoz est produite par une dérivation du torrent de l'Arve débitant pendant l'été 12 mètres cubes d'eau par seconde, avec une hauteur de chute de 39 mètres. Cette eau, après avoir été utilisée par l'usine de la Compagnie P.-L-M., se rend ensuite à une usine électrochimique placée 139 mètres plus bas et se déverse ensuite dans le torrent d'où elle s'est échappée. La différence de niveau totale entre les deux points de l'Arve où se font la prise et la restitution de l'élément liquide est donc de 178 mètres.

La puissance fournie par les 12 mètres cubes débités pendant l'été est de 4 560 chevaux. Pendant l'hiver cette puissance descend à 2.280 chevaux avec un débit de 6 mètres cubes, mais elle est encore supérieure à celle nécessaire pour l'exploitation, qui n'est que de 1.400 chevaux environ, d'autant plus que pendant l'hiver le service est suspendu sur la ligne.

L'eau, captée au moyen d'un barrage à aiguilles, est amenée dans un tunnel, dit *chambre de décantation*, parallèle au torrent et ayant une longueur de 280 mètres. Les eaux, dont la vitesse est à ce moment relativement faible, déposent leurs sables et leur limon dans ce tunnel dont la hauteur d'eau est de 2 m. 70 près de la prise avec une largeur de 6 m. 30, tandis qu'à l'autre extrémité, la largeur n'est plus que de 4 m. 80 avec une hauteur d'eau de 3 m. 60.

A l'extrémité de ce premier tunnel, se trouve une conduite d'évacuation des sables servant à nettoyer la chambre de décantation une fois par semaine au moyen d'une chasse d'eau durant cinq heures pendant laquelle l'usine est arrêtée.

Au sortir de ce tunnel de décantation, se trouve une seconde galerie souterraine de 500 mètres de longueur, 2 m. 25 de hauteur et 2 m. 50 de largeur, qui amène les eaux à une *chambre d'eau* à laquelle font suite une galerie de déchargement pour le trop-plein et une autre galerie aboutissant à la *chambre de mise en charge* d'où partent quatre conduites forcées en tôle d'acier de 1 mètre de diamètre amenant l'eau à l'usine de Servoz.

Celle-ci comprend quatre turbines de 325 chevaux chacune et deux turbines de 60 chevaux, les premières actionnant les dynamos génératrices à six pôles et les secondes des dynamos à quatre pôles servant à l'excitation partielle des génératrices et à l'éclairage.

Les inducteurs des dynamos génératrices portent deux enroulements dont l'un est parcouru par la totalité du courant produit par ces machines, tandis que l'autre est traversé par celui qui est engendré par les excitatrices. De cette façon, on peut remédier aux différences de voltage, résultant des variations de consommation du courant, et qui ne pourraient être compensées par une variation de puissance des dynamos, les turbines tournant d'autant plus lentement que la charge des dynamos est plus grande. Cette vitesse de rotation est de six cent quinze tours par minute à vide et quatre cent quarante-huit tours à pleine charge.

Le régime normal des dynamos génératrices est de 370 ampères sous 550 volts, mais elles peuvent fournir jusqu'à 450 ampères pendant une demi-heure sans inconvénient sérieux.

En temps normal, trois groupes électrogènes seulement sont en service pour alimenter la ligne, tandis que le quatrième reste en réserve.

Les dynamos excitatrices, actionnées par des turbines à régulateur automatique à force centrifuge agissant sur l'admission de l'eau, débitent normalement 330 ampères sous 120 volts.

Le courant est amené au rail conducteur en face de l'usine, laquelle est située au bord de la voie.

La seconde usine génératrice, celle des Chavants, reçoit sa force motrice d'une chute de 94 mètres, produite par une dérivation, prise sur l'Arve au moyen d'un barrage constitué par un mur de 3 mètres de hauteur, et qui retrouve ce torrent deux kilomètres et demi plus bas, au sortir de l'usine.

L'eau captée est d'abord conduite par un tunnel de 1.093 mètres de longueur à une chambre de décantation établie à ciel ouvert et mesurant 123 mètres de longueur et 10 mètres de largeur, avec une pente longitudinale de 10 millimètres par mètre et une pente transversale de 100 millimètres par mètre permettant aux sables de se déposer au fond et contre une des parois de cette chambre.

Cette dernière communique avec l'Arve, au bord duquel elle est située, au moyen d'un canal de chasse pour l'évacuation des dépôts.

Au sortir de cette chambre, les eaux sont conduites, par une galerie souterraine de 1.055 mètres de longueur, à une chambre de charge de 5 m. 50 de largeur et de 3 m. 40 de longueur, cette dernière dimension pouvant être augmentée ultérieurement si le besoin s'en faisait sentir.

De cette chambre, communiquant avec l'Arve, par l'intermédiaire d'un déversoir régulateur pour l'eau non utilisée, partent deux conduites forcées de 0 m. 80 de diamètre amenant l'eau à l'usine génératrice.

Le débit total, pendant la belle saison, est en moyenne de 11 mètres cubes par seconde, fournissant une puissance de 10.800 chevaux.

Dans le bâtiment de l'usine, se trouvent quatre groupes électrogènes composés chacun d'une turbine de 325 chevaux actionnant une dynamo génératrice de 200 kilowatts, à six pôles, et deux groupes pour l'excitation comprenant chacun une turbine de 60 chevaux et une dynamo à quatre pôles, de 40 kilowatts.

Les dynamos génératrices ont, comme celles de Servoz, un double enroulement, mais on a donné plus d'importance à celui parcouru par le courant produit par ces machines, ce qui fait qu'en cas d'augmentation de débit sur la ligne, le voltage croît de 550 à 680 volts lorsque l'intensité du courant atteint 390 ampères, tandis que la vitesse, qui est de six cents tours par minute à vide, tombe à quatre cent cinquante tours.

C'est afin d'obtenir le supplément de voltage nécessité par la perte dans les feeders d'alimentation, qui ont une grande longueur dans cette section de la ligne, que l'on a eu recours à cette disposition.

Le courant est amené au rail conducteur à 3 kilomètres de l'usine, c'est-à-dire au kilomètre 11. Entre ce point et la gare de Chamonix, située au kilomètre 19, le rail de prise de courant est, en outre, alimenté, en cinq points différents, par un feeder placé le long de la ligne sur des poteaux.

En raison du profil très dur de la voie, tous les véhicules entrant dans la composition d'un train sont automoteurs et commandés, au moyen d'un système que nous décrirons plus loin, par un seul mécanicien placé sur la plate-forme avant du premier wagon.

Le matériel roulant se compose de quatre-vingts véhicules automoteurs se répartissant ainsi :

Seize fourgons à bagages avec cabine de manœuvre pour le mécanicien ;

Huit voitures de 1re classe ;

Douze voitures de 2e classe ;

Seize voitures mixtes de 1re et 2e classes ;

Huit wagons-tombereaux ;

Douze wagons plats ;

Huit wagons couverts pour marchandises.

En outre de ces quatre-vingts véhicules automoteurs, il existe vingt voitures légères de remorque que l'on ajoute en queue des trains dans la proportion de une ou deux pour cinq ou six automotrices. Elles peuvent contenir quarante personnes.

Tous les véhicules automoteurs sont supportés par un truck de 5 m. 80 de longueur à deux essieux ; l'écartement, entre axes, de ces derniers, est de 3 m. 50 et le diamètre des roues de 0 m. 93.

Les moteurs, au nombre de deux, un par essieu, attaquent ces derniers par l'intermédiaire d'engrenages coniques avec démultiplication dans le rapport de quatre à un. Le grand pignon n'est pas calé sur l'essieu qui est entraîné au moyen d'un accouplement élastique.

Les moteurs sont du type Gramme cuirassé à quatre pôles, enroulés en série et à induit en tambour. Ils reposent d'un côté sur les essieux et de l'autre sur une suspension élastique constituée par des ressorts à lames dont les extrémités s'appuient sur les longerons du truck.

Les fourgons à bagages ont une longueur de 8 m. 60 entre tampons et pèsent 21 tonnes à vide. Ils comportent à l'avant une cabine dans laquelle se trouvent les différents appareils de manœuvre, les manettes et volants des freins, les ampèremètres, disjoncteurs, manomètres, etc.

Les voitures de 1re classe, qui ont une longueur de 8 m. 50 et pèsent, à vide, 19 t. 50, comportent une plate-forme à chaque extrémité. Elles peuvent contenir vingt-quatre places assises et quatre debout sur chaque plate-forme, ce qui fait un total de trente-deux voyageurs.

Les voitures de 2e classe ont les mêmes dimensions et le même poids que les précédentes, mais elles peuvent contenir vingt-huit places assises et huit debout.

Les voitures mixtes de 1re et 2e classes, de même longueur et de même poids, peuvent contenir en tout trente-quatre places.

Les wagons à marchandises ont également une longueur de 8 m. 50; leur poids varie suivant leur nature. Il est de 20 tonnes pour les wagons couverts, 19 t. 5 pour les wagons-tombereaux et 18 t. 5 pour les wagons plats. La limite de leur chargement est fixée à 10 tonnes.

Tous ces différents véhicules sont munis de trois freins

à air comprimé : un frein automatique, un frein modérable pour les descentes, agissant tous les deux sur les bandages des roues, et un frein à mâchoires embrassant le rail spécial placé au milieu de la voie dans les deux grandes pentes de 80 et 90 millimètres.

En outre de ces freins, il y en a deux autres à main : un agissant sur les bandages et l'autre un frein à mâchoires.

Il y a donc sur toute la longueur du train cinq conduites à air comprimé : deux pour la commande des appareils de manœuvre des véhicules et trois pour les freins.

Chaque train est constitué par quatre, cinq ou six voitures motrices et quelquefois d'une ou deux voitures de remorque. Un train de six véhicules peut transporter environ cent soixante-dix voyageurs et son poids mort est de 120 tonnes.

La vitesse de marche a été fixée, dans le sens de la montée, à 13 kilomètres à l'heure dans les rampes de 80 et 90 millimètres et à 25 kilomètres dans les rampes de 20 millimètres. Cette vitesse, qui atteint 40 kilomètres à l'heure en palier, est réduite à 10 kilomètres à la descente des deux pentes ci-dessus. Le trajet total s'effectue, par suite, en une heure et quart environ.

Le prix d'établissement de cette ligne, non compris le matériel roulant, s'est élevé à 10 millions et demi, dont un peu moins de 2 millions pour la voie et 2 millions pour les usines.

Les résultats obtenus ont été des plus satisfaisants, tant au point de vue de l'exploitation qu'à celui du rendement. Le fonctionnement du système servant à la commande des diverses voitures automotrices est très régulier et ne laisse aucunement à désirer.

Les moteurs, qui sont établis pour une puissance normale de 65 chevaux, peuvent supporter, sans échauffement dangereux, une très forte surcharge. C'est ainsi qu'après avoir débranché un des moteurs d'une voiture, on a pu faire gravir à celle-ci la rampe de 90 millimètres d'inclinaison et de 2.155 mètres de longueur, en ne se servant que de l'autre moteur et sans que celui-ci ait subi la moindre détérioration. C'est, du reste, en présence de ces résultats, que l'on a décidé la construction des quelques voitures de remorque.

La ligne du Fayet à Chamonix doit être prolongée prochainement jusqu'à Martigny, près de la frontière.

## CHAPITRE SEPTIÈME

### TRACTION PAR UNITÉS MULTIPLES

**36. Avantages du système.** — La traction des trains au moyen de locomotives présente l'inconvénient d'exiger des machines très puissantes nécessaires pour entraîner le convoi sans patinage des roues motrices. Avec la traction à vapeur, il ne peut être question d'un autre système puisque cette force motrice doit évidemment rester circonscrite sur la locomotive ; mais, il n'en est plus de même avec la traction électrique.

En effet, grâce à la facilité avec laquelle l'électricité se ploie à toutes les exigences d'installation, on peut établir sur chaque voiture d'un train ou seulement sur quelques-unes, un système moteur commandé au moyen de connexions appropriées, par un seul mécanicien. C'est le système, dit à « *unités multiples* », qui présente surtout de grands avantages pour les lignes de banlieue à stations rapprochées, sur lesquelles il y a tout intérêt à diminuer, le plus possible, la durée des démarrages.

Il existe actuellement trois systèmes principaux de traction à unités multiples, employés en France : les systèmes électriques Sprague et Thomson-Houston et le système électro-pneumatique Auvert. Nous allons les examiner successivement.

**37. Système Sprague.** — Dans ce système, représenté schématiquement par la figure 307, un appareil de manœuvre placé sur la plate-forme de la première voiture, commande, au moyen de cinq fils, courant d'un bout à l'autre du train, toutes les voitures motrices qui comprennent chacune un inverseur, un contrôleur, les résistances nécessaires et les moteurs.

Le commutateur de plate-forme se compose d'un tambour vertical mû par une manivelle et donnant la marche en avant ou celle en arrière, suivant le sens dans lequel on le manœuvre. Il peut donner trois positions bien définies pour la marche avant : marche sans courant (descente des côtes), marche en série et marche en parallèle ; pour la marche arrière, cette dernière position est supprimée.

Un seul commutateur de plate-forme est nécessaire pour commander tout le train ; mais, pour les facilités du service, chaque voiture motrice peut en avoir un à chaque extrémité sans aucun inconvénient, ces appareils étant placés en dérivation sur les câbles de commande. La réunion de ceux-ci, entre chaque voiture, se fait au moyen d'un conducteur souple terminé par une boite de jonction comportant des touches mises en contact avec celles correspondantes de la boite de l'autre voiture.

Le courant de commande, qui est pris en dérivation sur le circuit principal, est donc envoyé du commutateur de plate-forme, par les câbles en question, dans les inverseur et contrôleur de chaque voiture.

L'inverseur se compose d'un tambour tournant, qui effectue son mouvement de rotation dans le sens convenable au moyen de deux bobines à succion correspondant respectivement à chacun des deux sens de marche ; il est muni d'un ressort de rappel.

Le contrôleur, du type ordinaire série-parallèle, est à soufflage magnétique produit par une seule bobine intercalée en série dans le circuit et dont l'un des pôles est en contact avec l'axe en acier du contrôleur et l'autre avec la paroi de la boîte. Il est mis en mouvement au moyen d'un servo-moteur à deux excitations inverses, l'une pour la rotation positive (mise en marche et accélération) et l'autre pour la rotation négative (arrêt ou ralentissement).

La commande de ce contrôleur se fait par l'intermédiaire d'une vis sans fin V actionnant une roue dentée calée sur son axe. En outre, pour pouvoir s'arrêter toujours dans une position déterminée, cet axe porte une roue à dents Z sur laquelle appuie un galet à ressort. Enfin, un frein W, commandé par une bobine placée en série dans le circuit, agit sur une poulie fixée sur l'arbre du servo-moteur ; ce frein est serré tant que le courant n'agit pas dans cet appareil et se desserre lorsque le courant y est lancé.

Le système de commande comprend, en outre, cinq électro-aimants à succion ou *relais*, savoir :

Un relais D pour la marche sans courant dans la descente des côtes;

Un relais S pour la marche en série ;

Un relais P pour la marche en parallèle ;

Un relais spécial dit « *stop-relais* »;

Un relais pour la régulation du mouvement du contrôleur.

Voyons maintenant le fonctionnement du système.

Le véhicule étant au repos, amenons le commutateur à la première position de la marche avant. Le courant provenant de la dérivation prise sur le circuit principal arrive en L et, de là, passe par les touches L, b, a, 1 dans le fil 1 et par L, b, c, 4 dans le fil 4 ; il en résulte les deux actions suivantes :

1° Le courant passe dans le relais D et fait retour à la

terre par 26, 13, $T_1$, $T_2$, 24 et T qui est la carcasse du moteur ; il s'ensuit que le relais D se lève et met en contact les touches 21′ et 9′, mais aucun courant ne passe encore dans le servo-moteur.

2° Le courant passe par 4 dans la bobine AV et se rend ensuite par 25, 20, 6, K, 12, $T_2$, 24 et T à la terre ; l'inverseur se place alors dans la position de la marche avant et le circuit est alors rompu entre 20 et 6 ; le courant passe alors par 20, la résistance de 700 ohms et arrive comme tout à l'heure en K. Cette disposition a pour but de permettre un mouvement rapide de l'inverseur et de ne conserver ensuite dans la bobine que le courant nécessaire pour le maintenir dans cette position.

Le courant ayant agi, après K, dans le stop-relais, celui-ci se lève et le courant de commande de l'inverseur se rend directement à la terre par les touches 12, $T_1$, $T_2$ et T, sans passer par le contrôleur.

On voit donc que, pour la position I du commutateur, l'inverseur s'est mis en place, mais aucun courant ne traverse le contrôleur et le train ne démarre pas.

Passons à la position II, qui est la marche en série :

Les connexions de l'inverseur restent les mêmes ; mais le relais D tombe puisque le courant est coupé en 1. Celui-ci passe alors par L, b, a, 2 et traverse le relais S qui se lève et met en contact 23′ et 8. Le courant, pris en dérivation en $L_3$, arrive en $L_2$, agit dans le servo-moteur en traversant la bobine de rotation positive, passe par les touches 16 et 10 du stop-relais qui est levé, puis par 10 et 8 du contrôleur, 8 et 23′ du relais S, 23 et 22 du régulateur, 22 et 21 de l'inverseur, 21 du stop-relais, arrive en 21″ dans la bobine du frein du servo-moteur et gagne la terre par 24 et T. Le frein du servo-moteur se desserre alors et le contrôleur, sous l'action de la bobine de rotation positive, se place dans la position en série avec quatre résistances ; le courant d'ali-

Servo-Moteur
Accél^t
Ralent^t
Bobine du frein
Résistances
Contrôleur à servo moteur
Inverseur automatique
Régulat
Stop-relai
Résistance
Câble
de
Commande
Moteur N° 2
Moteur N° 1
Frotteurs
Rail de prise de courant
Rails de roulement

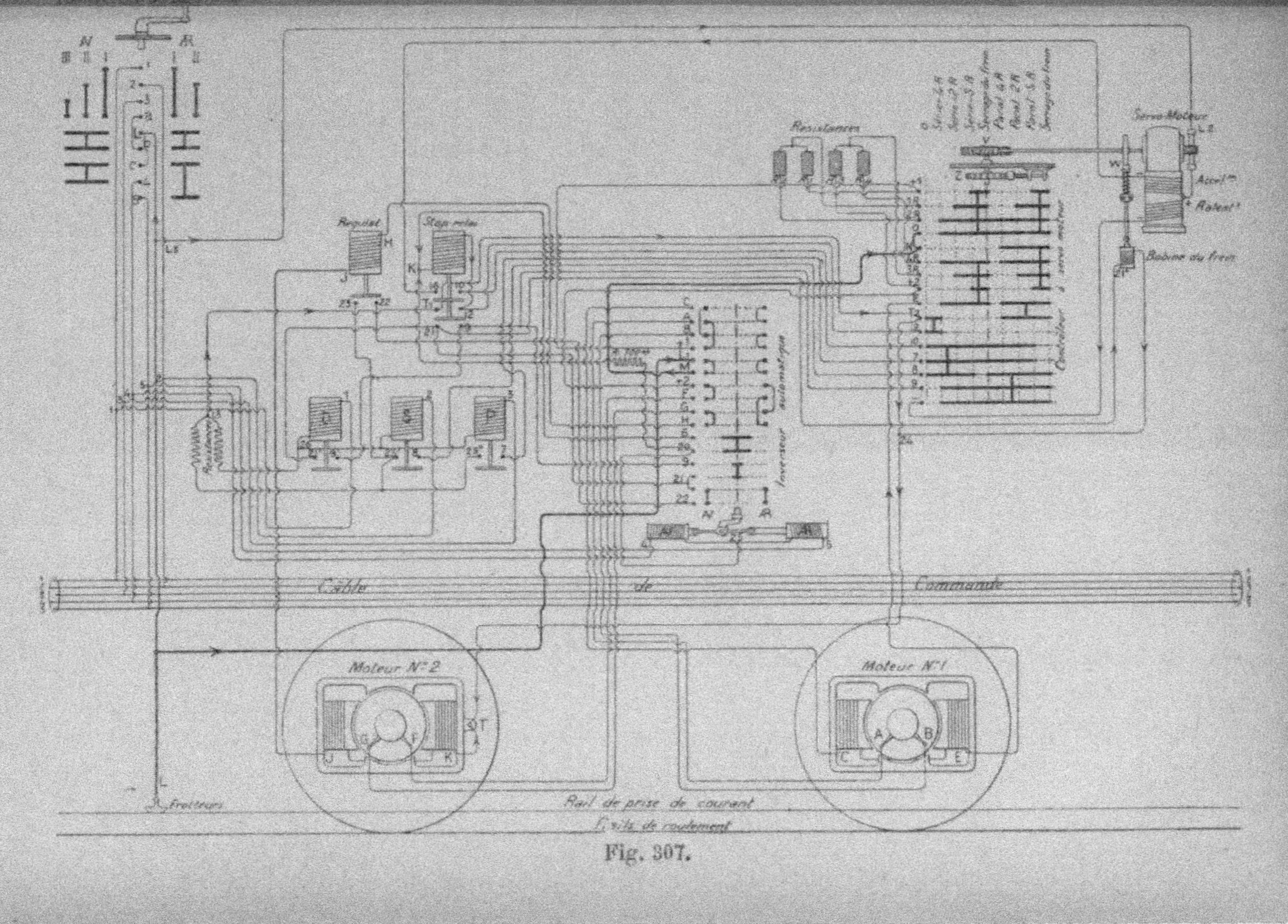

Fig. 307.

mentation, pris en L, passe par $L_1$ et M de l'inverseur, puis par N, O et 2 R du contrôleur, traverse les résistances $R_2$ et $R_1$, passe par + 1 du contrôleur, + 1 et A de l'inverseur, A et B du moteur n° 1, B et C de l'inverseur, C et E du même moteur, E et 4 R du contrôleur, les résistances $R_4$ et $R_3$. + 2 du contrôleur, + 2 et F de l'inverseur, F et G du moteur n° 2, G et H de l'inverseur, traverse par H et J le régulateur, puis passe dans les inducteurs du second moteur par J et K et gagne la terre par T.

Le contrôleur continue à avancer sous l'influence de l'action de la bobine de rotation positive, mais si le courant atteint une valeur trop élevée, le régulateur se lève et coupe le circuit en 23,22. Il en résulte que le courant ne passe plus dans le servo-moteur qui s'arrête jusqu'à ce que, l'intensité du courant diminuant par suite de l'accélération des moteurs, le régulateur retombe et rétablisse le circuit en 23,22. Le contrôleur avance ainsi automatiquement jusqu'à la position de marche en série sans résistances ; à ce moment, il s'arrête car le courant est coupé en 8.

Plaçons maintenant le commutateur dans la troisième position, c'est-à-dire la marche en parallèle.

Le relais S, n'étant plus parcouru par aucun courant, retombe, tandis que le relais P se lève ; le courant arrivant par $L_3$, passe par $L_2$, la bobine de rotation positive, les touches 16 et 10 du stop-relais, 10 et 7 du contrôleur, 7 et 23'' de la bobine P, 23' de S, 23 et 22 du régulateur, 22 et 21 de l'inverseur, 21 du stop-relais, 21'' du frein, 24 et T. Le frein se desserre et le contrôleur se place dans la position en parallèle avec quatre résistances ; le courant d'alimentation passe alors par $L_1$ et M de l'inverseur et arrive en N du contrôleur où il se sépare en deux :

1° N, O, 2 R, les résistances $R_2$ et $R_1$, + 1 du contrôleur, + 1 et A de l'inverseur, A et B du moteur n° 1, B et C de l'inverseur, G et E du même moteur, E et $T_2$ du contrôleur et gagne la terre par 24 et T.

2° N, 4 R, les résistances $R_4$ et $R_3$, + 2 du contrôleur, + 2 et F de l'inverseur, F et G du moteur n° 2, G et H de l'inverseur, H et J du régulateur, J et K de ce moteur et se rend à la terre par T.

Il se produit alors les mêmes actions que précédemment, c'est-à-dire que lorsque le courant atteint une valeur trop élevée, le régulateur se lève et coupe le courant, ce qui a pour effet d'arrêter le contrôleur qui reprend ensuite sa marche, lorsque l'intensité diminue de nouveau, jusqu'à la dernière position où le courant se trouve coupé en 7.

Si l'on veut passer de la marche en parallèle à la marche en série, on ramène le commutateur à la position II, ce qui fait que le courant est coupé dans la bobine P et rétabli dans le relais S; le courant traverse alors la bobine de rotation négative et passe par les touches — et 8 du contrôleur, 8 et 23′ du relais S, 23 et 22 du régulateur, 22 et 21 de l'inverseur, 21 du stop-relais, 21″ du frein, 24 et T. Le contrôleur revient, par suite, en arrière jusqu'à la position de marche en série sans résistances.

Pour l'arrêt, le commutateur étant ramené dans la position I, le courant passe dans la bobine D qui se lève et ferme le circuit en 21′ et 9′; le courant traverse le servo-moteur par la bobine de rotation négative, passe par les touches — et 9 du contrôleur, 9 du stop-relais, 9′ et 21′ du relais D, 21 du stop-relais, 21″ du frein, 24 et T. Le contrôleur revient donc en arrière jusqu'en zéro où le courant est coupé au 9 de celui-ci.

En cas d'arrêt d'urgence, on ramène le commutateur au zéro et le courant est aussitôt coupé dans les bobines de l'inverseur qui reprend sa position médiane et coupe le circuit d'alimentation. Le courant passe alors par $L_3$, la bobine de rotation négative du servo-moteur, les touches —

et 9 du contrôleur, 9 et 21 de l'inverseur, la bobine du frein, 24 et T, ce qui rappelle le contrôleur au zéro.

Pour les marches intermédiaires, avec résistances, on place d'abord le commutateur dans la position qui suit celle que l'on veut obtenir, puis on le ramène aussitôt en arrière, avant que le contrôleur ait eu le temps d'arriver dans cette position. En effet, le courant devant toujours passer par l'une des 3 bobines D, S ou P, le contrôleur n'avancera plus si le commutateur est arrêté entre deux touches.

Si le courant vient à manquer sur la ligne, tous les relais tombent et l'inverseur revient au zéro ; or, celui-ci ne pouvant se remettre en position que lorsque le contrôleur est lui-même au zéro, il en résulte qu'il ne peut reprendre sa place de lui-même en cas de retour du courant.

Il est évident que ces différentes manœuvres se répètent en même temps sur tous les véhicules moteurs du train, au moyen des câbles de commande.

Pour la marche arrière, les connexions seules de l'inverseur diffèrent de façon à renverser le courant dans les induits.

**38. Système Thomson-Houston.** — Ce système diffère du précédent en ce sens qu'il n'y a pas de servo-moteur et que toutes les connexions sont obtenues au moyen de bobines de relais (fig. 308).

Le commutateur de plate-forme est analogue à un contrôleur de tramway, c'est-à-dire qu'il comprend un cylindre pour la régulation du courant et un autre pour l'inversion du sens de la marche, manœuvrés chacun par une manivelle spéciale. Il est muni d'un souffleur magnétique composé d'une bobine placée autour de l'axe en acier de l'appareil.

Les bobines de relais sont formées par les électro-aimants à succion établissant le contact entre les différents circuits de commande des moteurs.

L'inverseur est commandé par deux bobines, une pour la marche avant et une pour la marche arrière ; en outre, une bobine d'enclenchement montée en série avec les deux précédentes, immobilise l'inverseur lorsqu'il occupe une des deux positions extrêmes AV ou AR.

Le fonctionnement du système Thomson-Houston est le suivant :

Plaçons le contrôleur dans la position n° 1, la manette de l'inverseur étant disposée pour la marche avant.

Si l'inverseur automatique occupe déjà la position AV le courant, qui arrive par $L_1$, passe par $L_2$, $L_3$, V, 7 de l'inverseur et arrive en 8.

Si, au contraire, l'inverseur est placé dans la position de la marche AR, le courant passe par $L_1$, $L_2$, $L_3$, V, 6, 10, traverse la bobine de marche AV, puis celle d'enclenchement et se rend à la terre par 9 et T. Il s'ensuit que le levier d'enclenchement K, qui enraye normalement l'inverseur, sous l'action d'un ressort, est attiré et dégage cet appareil. Sous l'influence de la bobine AV, l'inverseur quitte alors la position de marche AR et se place dans celle de marche AV. Un peu avant d'arriver dans cette dernière position, le circuit se trouve rompu entre 6 et 10 et rétabli avec la touche 7 ; le courant n'agit plus dans les bobines et l'inverseur, après avoir achevé sa course par suite de l'action d'un ressort le ramenant toujours dans une des deux positions extrêmes, se trouve de nouveau enrayé par la tige K.

Le courant arrive donc, comme dans le premier cas, en 8 ; là, il se partage en deux et arrive à l'entrée des bobines 1 et 5 ; de ce dernier côté, il ne trouve pas d'issue, mais du côté du relais 1, il traverse les bobines 1, 2, 3, 9, les touches 38 et 39 du relais 10 qui est abaissé et gagne la terre par les touches 1 et T du contrôleur. Les relais 1, 2, 3, 9 se lèvent et le courant principal, provenant des frot-

Câble de Commande
Moteur N° 2
Moteur N° 1
Frotteurs
Rail de prise de courant
Rails de roulement
Bobine
R1
R2
R3
R4

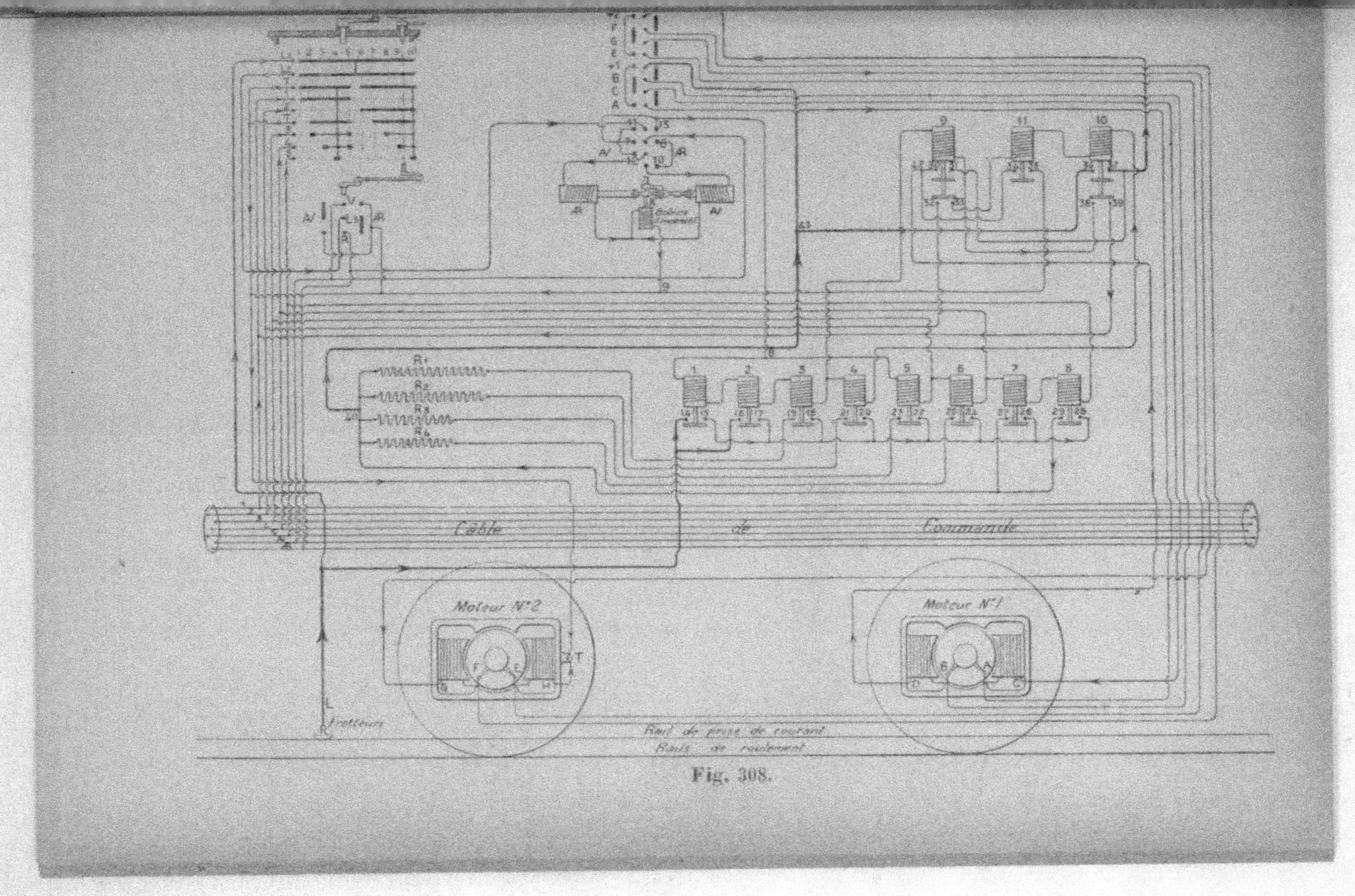

Fig. 308.

teurs, passe par L, 14, 15 et 16, 17, 18, 19, la résistance $R_1$, 40, 41, + 1 et A de l'inverseur, les balais A et B du moteur n° 1, B et C de l'inverseur, les inducteurs C et D du même moteur, les touches 30 et 31 du relai 9, + 2 et E de l'inverseur, les balais E et F du moteur n° 2, F et G de l'inverseur, les inducteurs G et H du moteur n° 2 et gagne enfin la terre par T. Les moteurs sont ainsi groupés en série avec résistance.

Si nous amenons le contrôleur dans la position 2, le courant de commande passe en outre par 8, la bobine 5, 3 et T du contrôleur et gagne la terre. Il en résulte que le courant d'alimentation des moteurs passe aussi par les touches 22 et 23 et la résistance $R_3$, shuntée avec la résistance $R_1$, ce qui donne une résistance totale plus faible.

On voit, en outre, qu'en amenant le contrôleur dans la position 3, on met en parallèle les trois résistances $R_1$, $R_3$ et $R_4$ et que dans la position 4, ces résistances sont mises en court circuit.

Pour la position 5, tous les relais tombent et pour les positions 6, 7, 8, 9 et 10, les moteurs se placent en parallèle avec ou sans résistances.

Par exemple, pour la position 6, le courant arrivant, comme tout à l'heure, en 8, traverse les bobines 1, 2, 3, 4, 10 et 11, les touches 33 et 32 du relais 9, qui est maintenant abaissé, et gagne la terre par 2 et T du contrôleur. Le courant d'alimentation passe alors par 14, 15 et 16, 17, 18, 19, et la résistance $R_1$ et 20, 21 et la résistance $R_2$ ; il arrive ensuite en 41 où il se sépare en deux :

1° + 1, A de l'inverseur, les balais A et B du moteur n° 1, B et C de l'inverseur, les inducteurs C et D de ce moteur, 42, 34, 35 du relais 11, 9 et T ;

2° 36 et 37 du relais 10, + 2 et E de l'inverseur, les balais E et F du moteur n° 2, F et G de l'inverseur, les inducteurs G et H et gagne la terre par T.

Le fonctionnement de l'inverseur a simplement pour but de renverser le courant dans les induits des moteurs ; les autres connexions restent les mêmes pour la marche arrière.

En cas de manque de courant sur la ligne ou de rupture d'attelage, aucun courant ne passant plus autour des électros, les relais tombent aussitôt et coupent le circuit d'alimentation des moteurs.

**39. Système Auvert.** — Le système à unités multiples, employé sur le chemin de fer du Fayet à Chamonix, est dû à M. Auvert, Ingénieur principal à la Compagnie du P.-L.-M.

Il diffère complètement des deux précédents, en ce sens que c'est à l'air comprimé que l'on a recours pour commander les contrôleurs placés sur chaque voiture automotrice.

Voici en quoi consiste ce système :

Toutes les voitures du train étant motrices, chacune d'elles comporte un contrôleur ou combinateur à cinq positions pour chaque sens de marche, donnant toujours le couplage en parallèle des deux moteurs de chaque véhicule, (fig. 309).

La première position donne la marche avec trois résistances ; la deuxième, avec deux résistances ; la troisième, avec une ; la quatrième, sans résistance et enfin la cinquième, la marche sans résistance avec inducteurs shuntés. Cette dernière disposition est employée pour la traction en palier ou sur les faibles pentes pour lesquelles on augmente la vitesse au détriment de la puissance.

Le contrôleur est commandé au moyen d'un secteur denté H et d'une crémaillère N, par un servo-moteur, dit servo-moteur secondaire, composé d'un double piston glissant dans deux cylindres V et V' reliés respectivement à deux conduites d'air comprimé s'étendant sur toute la longueur du train et dont l'une est affectée à la marche avant et l'autre à la marche arrière.

Tout autour de chacun de ces cylindres, sont placés cinq autres petits cylindres 1, 2, 3, 4, 5, et 1', 2', 3', 4', 5', représentés en développement sur le schéma et qui communiquent tous avec le réservoir auxiliaire du frein à air comprimé.

Les pistons de ces petits cylindres sont munis de tiges de longueurs graduellement décroissantes. Celles des cylindres 1 et 1' appuient normalement sur un plateau C, fixé sur la tige commune des grands pistons, lorsque celui-ci est dans sa position médiane correspondant à la position zéro du contrôleur.

Le plateau C ne touche ensuite la tige 2 ou 2' que lorsqu'il s'est déplacé d'une quantité suffisante pour placer le contrôleur à la position 1 de la marche avant ou arrière; puis il arrive en contact avec la tige 3 ou 3' lorsque le contrôleur est à la position 2 et ainsi de suite jusqu'à la position 5 où le contrôleur parvient lorsque le plateau C a repoussé le petit piston 5 jusqu'à fond de course.

Admettons que la pression exercée sur chaque petit piston soit égale à 4P. Si nous envoyons alors dans le grand cylindre V une quantité d'air suffisante pour exercer sur son piston une pression de 5P, par exemple, celui-ci se déplacera vers la droite et le plateau C repoussera le petit piston 1' jusqu'au moment où il viendra butter contre le petit piston 2'.

Pour vaincre cette nouvelle résistance, il faudra envoyer une nouvelle quantité d'air dans le cylindre V, de façon à obtenir sur le grand piston une pression de 9P, qui amènera le plateau C en contact avec la tige 3'.

Pour repousser cette dernière, il faudra encore augmenter de 4P la pression sur le grand piston et, enfin, pour amener le contrôleur à la position 5, cette pression devra être de 21P.

Ces différentes pressions d'air sont obtenues sur la première voiture et transmises à toutes les autres voitures au moyen de deux conduites générales allant d'un bout à l'autre du train et reliées, entre deux véhicules, par des accouplements flexibles à soupapes et à robinet de fermeture, analogues à ceux des freins à air comprimé.

La voiture de tête comprend alors, en outre des appareils ci-dessus décrits, un servo-moteur principal et un appareil de commande, dont le schéma donne l'élévation, avec la vue en plan en cartouche, et qui est ainsi composé :

Sur un arbre YZ, se trouve un pignon d'angle P, fou sur cet arbre et solidaire d'un volant ou d'une manette M, se déplaçant sur un cadran gradué à cinq divisions pour chaque sens de marche. Ce pignon P entraine un autre pignon P′ fou sur l'extrémité d'un levier L, ayant son point d'articulation sur ce même arbre YZ, et dont l'autre extrémité commande une tige D. Celle-ci agit sur un jeu de soupapes comprenant une soupape d'admission A et une d'échappement E, pour la marche avant, et une soupape d'admission A′ et une d'échappement E′ pour la marche arrière.

Enfin le pignon P′ est engrené avec un troisième pignon d'angle P″, également fou sur l'arbre YZ. Sur ce pignon P″ est fixé un balancier B relié, par l'intermédiaire de deux bielles T et T′ à un autre balancier B′ solidaire du segment S. Ce dernier est commandé par la crémaillère K qui reçoit son mouvement des deux pistons X et X′ du servo-moteur principal, lequel est sensiblement identique au servo-moteur secondaire.

Voyons maintenant le fonctionnement du système pour la marche avant, par exemple :

Plaçons la manette M sur la graduation 1. Ce déplacement aura pour effet de faire pivoter le pignon P d'une certaine quantité autour de l'arbre YZ, en entrainant le pignon intermédiaire P'; mais comme P'' est immobilisé par le servo-moteur principal, au repos, P' ne s'élèvera que d'une quantité égale à la moitié du chemin parcouru par P. Dans ce mouvement le balancier L pivotera autour de l'axe YZ et le levier D s'abaissera.

Or, les soupapes sont installées de telle façon, qu'à la position de repos, celles d'échappement sont un peu entr'ouvertes, tandis qu'il faut que la tige D parcoure un certain chemin avant d'ouvrir les soupapes d'admission.

Par suite, la tige D, en s'abaissant, fermera d'abord la soupape d'échappement E de la marche avant et ouvrira en grand celle d'échappement E' de la marche arrière ; puis, continuant son mouvement, ouvrira un peu la soupape d'admission A de la marche avant.

L'air arrivera alors dans le cylindre X du servo-moteur principal et, lorsque la pression sera supérieure à 4P, agira sur le grand piston qui se déplacera vers la droite en entraînant le plateau F qui repoussera le petit piston 1' jusqu'à ce qu'il vienne butter contre 2' sans pouvoir refouler ce dernier.

En effet, avant qu'il n'arrive à cette position, le grand piston, par l'intermédiaire de la crémaillère K et du segment denté S, imprimera au balancier B' un mouvement de bascule ayant pour effet d'élever la tige T' et d'abaisser la tige T, lesquelles, par l'entremise du balancier B, produiront la rotation du pignon P'' en sens inverse de celui du pignon P sous l'action de la manette.

Or, le pignon P étant maintenant immobile, il en résultera que le pignon P'', dans son mouvement de rotation de droite à gauche, rabaissera le pignon P' qui fera basculer le balancier B et provoquera le relèvement de la tige D d'une quantité suffisante pour refermer la soupape d'admission A.

En même temps que le grand piston du servo-moteur

principal, celui du servo-moteur secondaire se déplacera naturellement d'une quantité égale, puisque les cylindres de ces deux appareils ont le même diamètre et sont branchés sur la même conduite. Dans ce mouvement, il entraînera le contrôleur qui se placera à la position 1, donnant la marche avec 3 résistances.

Si l'on continue à faire avancer la manette M jusqu'à la position 2, il se produira un nouvel abaissement de la tige D qui ouvrira la soupape A, provoquant ainsi l'introduction, dans le cylindre X, d'une nouvelle quantité d'air. Lorsque celui-ci atteindra une pression supérieure à 8P, il fera avancer le grand piston jusqu'à ce que le plateau F vienne butter contre la tige du petit piston 3', pendant que la soupape A se refermera, ainsi qu'il a été expliqué plus haut. Un mouvement analogue se produira dans le servo-moteur secondaire, ayant pour effet de placer le contrôleur à la 2e position. En continuant ainsi à déplacer la manette vers la droite, on provoque le déplacement du contrôleur jusqu'à sa dernière position.

Si maintenant l'on ramène en arrière la manette M, la soupape d'échappement E s'ouvre et les cylindres des servo-moteurs reviennent à leur position médiane en ramenant le contrôleur à zéro.

Pour la marche en arrière, le raisonnement est le même, sauf que l'action de l'air a lieu sur les pistons des cylindres X' et V' et celle de la tige D sur les soupapes A' et E'.

Les connexions données par le contrôleur sont les suivantes :

Pour la position 1, c'est-à-dire la marche avec 3 résistances, le courant venant des frotteurs arrive en L, après avoir passé dans la bobine de soufflage magnétique. De là, il passe en $R^1$, traverse les résistances $R^1$, $R^2$ et $R^3$, et revient au contrôleur par $R^4$. Là, il se partage en deux, les moteurs étant en parallèle ; il se rend par 1 à l'induit du

Contrôleur
Arrière
Avant
Arrière
Avant
Robinet de manœuvre du frein
Souffleur magnétique
Servo-Moteur principal
Servo-Moteur secondaire
Conduite générale marche avant
Conduite générale marche arrière
Conduite générale du frein
Triple valve
Réservoir auxiliaire du frein
Réservoir principal d'air comprimé
Moteur N°1
Moteur N°2
Cylindre à frein
Frotteur

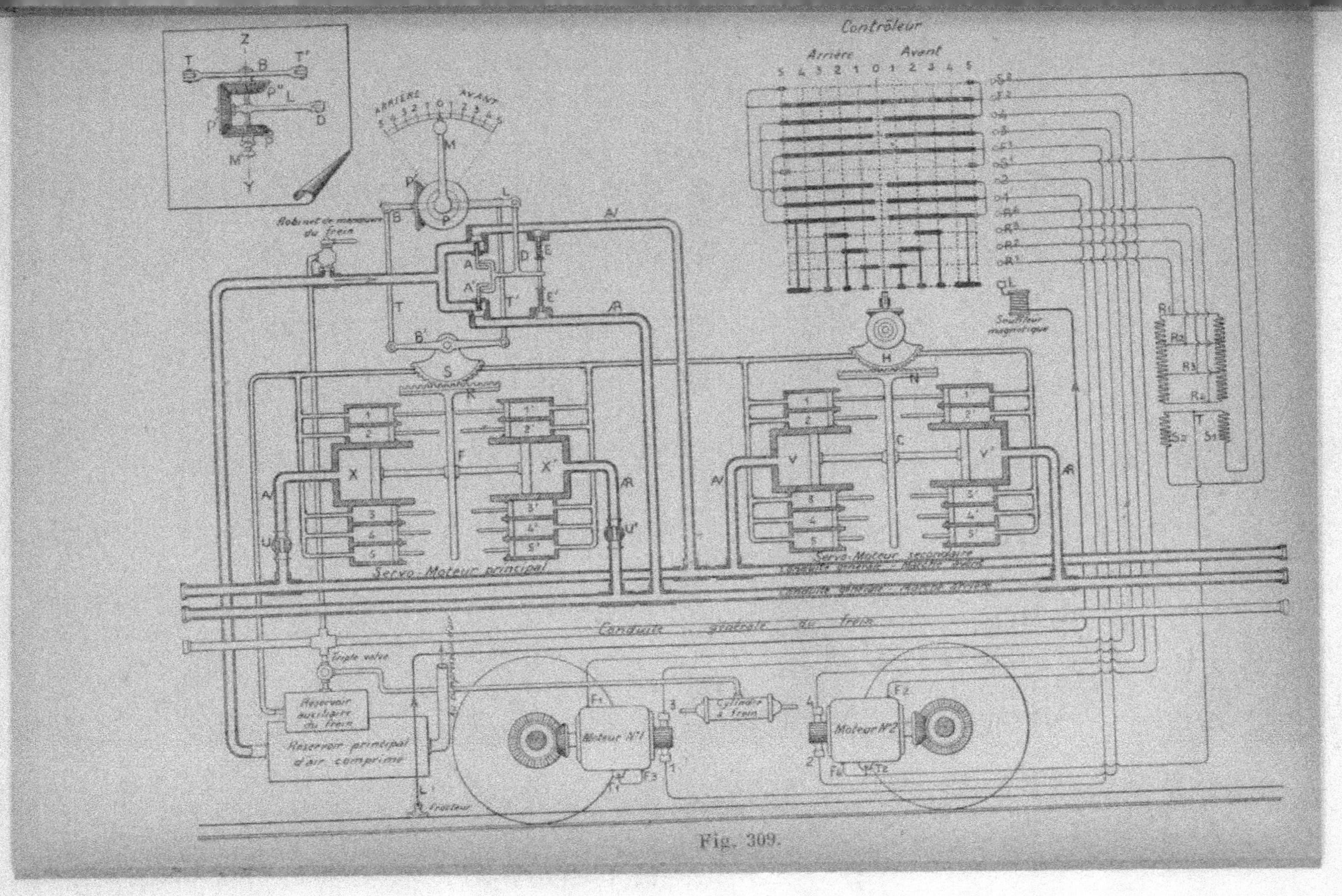

Fig. 309.

moteur n° 1, sort par 3, revient au contrôleur, passe en $F^1$, arrive aux inducteurs du même moteur, ressort par $F^3$ et gagne la terre par $T^1$ qui est la carcasse du moteur. En même temps, il va par 2 à l'induit du moteur n° 2, revient au contrôleur par 4, puis gagne les inducteurs de ce moteur par $F^2$ et enfin la terre par $F^4$ et $T^2$.

Pour la position 2, le courant arrivant en L, passe par $R^2$, les résistances $R^2$ et $R^3$, revient au contrôleur par $R^4$ et comme tout à l'heure se partage en deux pour gagner les moteurs.

Dans la position 3, le courant ne traverse plus que la résistance $R^3$ en revenant toujours par $R^4$ pour se rendre ensuite aux moteurs.

La position 4 permet au courant de se rendre directement aux moteurs par L et 1 ou 2 sans traverser aucune résistance.

Enfin, dans la position 5, le courant, arrivant en L, se partage en deux : D'un côté, il passe par 1 pour arriver à l'induit du moteur n° 1 et ressort par 3 ; il revient ensuite au contrôleur en 3. Là, il se partage de nouveau en deux, une partie du courant passant dans les inducteurs du moteur n° 1 par $F^1$, $F^3$ et gagnant la terre par $T^1$, tandis que l'autre partie se rend par $S^1$ dans une résistance de shunt pour gagner ensuite la terre par T et $T^2$. De l'autre côté, le courant arrive en 1, se rend par 2 à l'induit du moteur n° 2, et revient au contrôleur par 4 Pendant qu'une partie passe par $F^2$, $F^4$ et $T^2$, l'autre partie va par $S^2$ dans la bobine de shunt et se rend à la terre par T et $T^2$.

Ce shuntage des inducteurs affaiblissant le champ magnétique dans les moteurs a pour effet d'augmenter la vitesse de rotation mais en même temps de diminuer leur puissance.

Pour la marche en arrière, le courant est inversé dans les induits.

Le contrôleur peut être actionné à la main pour les manœuvres ou la marche isolée d'une automotrice. Pour cela, l'axe du contrôleur est formé d'un arbre solidaire de la commande du servo-moteur, tandis que le tambour supportant les touches est fixé sur un tube concentrique à cet arbre et fou sur celui-ci. Pour la manœuvre à la main, on place une manette sur le tambour et, pour la manœuvre pneumatique, on enlève la manette et on solidarise le tube et l'arbre au moyen d'une clavette.

Lorsque deux fourgons avec cabine de manœuvre entrent dans la composition d'un train, on peut isoler le servomoteur principal de la seconde au moyen des robinets U et U'. Cette voiture fonctionne alors comme une automotrice ordinaire sans cabine de manœuvre.

En cas de rupture d'attelage, le contrôleur revient immédiatement au zéro, puisque toute pression cesse aussitôt sur les grands pistons qui sont refoulés par les petits pistons, lesquels sont toujours alimentés par le réservoir auxiliaire du frein placé sur chaque voiture.

## CHAPITRE HUITIÈME

### MÉTROPOLITAIN DE PARIS

**40. Voie.** — Le chemin de fer métropolitain de Paris, presque entièrement construit en souterrain, ne comporte de parties aériennes que là où il n'a pu être procédé autrement pour une raison ou pour une autre. Sur ces parties aériennes, constituées par des viaducs métalliques, la voie est également posée sur du ballast afin d'atténuer les trépidations, qui pourraient se communiquer aux maisons voisines.

Les frais d'établissement sont évidemment très élevés. L'infrastructure revient à environ 2.500.000 francs par kilomètre pour les parties en souterrain, et à 3.900.000 francs pour celles en viaduc. Il faut, en outre, compter, dans le premier cas, 300.000 à 400.000 francs par kilomètre pour déviations d'égouts et de canalisations diverses.

Quant aux autres dépenses, elles sont en moyenne, par kilomètre, de : 190.000 francs pour les gares, 260.000 francs pour la voie, 130.000 francs pour les constructions diverses, 200.000 francs pour le matériel roulant et 500.000 francs pour les sous-stations de transformation ; soit un prix total moyen de plus de 4 millions par kilomètre.

La première ligne construite a été celle de la Porte-Maillot à la Porte de Vincennes, ouverte à l'exploitation en juillet 1900. Elle est construite en souterrain sur toute sa longueur sauf à la traversée du canal Saint-Martin, Place de la Bastille, où elle est à ciel ouvert. Sa longueur est de 10 663 mètres et elle comporte dix-huit stations. Le trajet total s'effectue en 30 minutes, soit une vitesse commerciale de 21 kilomètres à l'heure, la vitesse maximum étant de 30 kilomètres.

La ligne n° 2 (Circulaire Nord), allant de la Porte Dauphine à la Place de la Nation, par les anciens boulevards extérieurs, a été livrée à l'exploitation en avril 1903. Elle comporte vingt-trois stations et mesure 12.415 mètres de longueur, dont 2 kilomètres environ en viaduc, afin de franchir les chemins de fer du Nord et de l'Est ainsi que le canal Saint-Martin, et le reste en souterrain. Cette ligne correspond avec la précédente à l'Étoile et à la Nation.

La mise en service de la ligne n° 3, allant de l'avenue de Villiers à la Place Gambetta, a eu lieu en octobre 1904. Cette ligne, entièrement souterraine, mesure 7.932 mètres de longueur et comprend dix-sept stations espacées en moyenne de 450 mètres. Elle est en relations avec la ligne n° 2 Nord, à l'avenue de Villiers et au Père-Lachaise, et plus tard avec les lignes n[os] 7 et 8 à l'Opéra, n° 4 à la rue Saint-Denis et n° 5 à la Place de la République.

Le réseau comprendra, en outre, les lignes suivantes :

N° 2 (Circulaire Sud), de l'Étoile à la Place d'Italie et au pont d'Austerlitz ;

N° 4, de la Porte Clignancourt à la Porte d'Orléans ;

N° 5, de la gare du Nord au Pont d'Austerlitz ;

N° 6, de la Place d'Italie à la Place de la Nation ;

N° 7, de la Place du Danube au Palais-Royal,

N° 8, d'Auteuil à l'Opéra.

La traversée de la Seine s'effectuera au moyen de trois

tunnels et de quatre viaducs, dont deux à deux étages, l'inférieur pour les voitures et le supérieur pour le Métropolitain.

Le type normal de souterrain est constitué, en voie courante, par une voûte elliptique de 7 mètres d'ouverture et 2 m. 07 de hauteur entre sa naissance et la clé, supportée par des piédroits de 2 m. 91 de hauteur, écartés à la base de 6 m. 52 et réunis par un radier en forme d'arc de cercle dont la partie axiale est située 0 m. 22 plus bas que les côtés. La hauteur totale est donc de 5 m. 20 et celle existant entre le niveau des rails et le sommet de la voûte de 4 m. 50.

La voie est à écartement normal de 1 m. 44 et constituée par des rails Vignole en acier de 18 mètres de longueur, 65 centimètres carrés de section et pesant 52 kilos au mètre courant.

Ces rails sont supportés par dix-neuf traverses dont l'écartement est d'environ 0 m. 92 en voie courante et 0 m. 54, près des joints. Ils sont réunis par des éclisses de un mètre de longueur à six boulons.

L'entrevoie, entre les bords internes des rails, est de 1 m. 46.

Le joint électrique des rails de roulement est assuré au moyen de quatre conducteurs, placés deux de chaque côté du rail, et formés chacun de sept lames de cuivre de 1 millim. 5 $\times$ 25 millimètres. Les têtes de ces conducteurs sont fixées sur les patins des rails au moyen de goujons rivés. La section totale de chaque joint est donc de : $(1{,}5 \times 25) \times 7 = 262{,}5 \times 4 = 1.050$ millimètres carrés. En outre, les quatre rails de la voie étant réunis, la section totale des joints atteint plus de 4.000 millimètres carrés.

Les rails de prise de courant sont semblables à ceux de roulement, mais l'acier est de composition plus douce, afin d'obtenir une bonne conductibilité. Ils reposent, tous les 3 m. 60 environ, sur des supports à isolant en ambroïne, fixés par trois tirefonds sur les traverses correspondantes de la voie prolongées.

L'éclissage comprend, d'un côté du rail, une grande éclisse de 0 m. 80 de longueur à quatre trous de boulons placés deux par deux près de chacune de ses extrémités et, de l'autre côté, deux petites contre-éclisses de 0 m. 15 de longueur à deux trous, réunies à la première par des boulons de serrage.

Le joint électrique du troisième rail se compose de quatre conducteurs cylindriques en cuivre fixés par des goujons matés dans l'âme même des rails, dans l'intervalle laissé libre entre les deux contre-éclisses ; les têtes de ces goujons sont logées, de l'autre côté, dans huit trous ménagés, à cet effet, dans la grande éclisse. La conductibilité est ainsi assurée dans des conditions parfaites.

Les quais à voyageurs ont 75 mètres de longueur et environ 4 mètres de largeur ; leur hauteur au-dessus du niveau des rails de roulement est de 0 m. 85 et la distance qui les sépare du rebord interne du rail le plus voisin, de 0 m. 48.

L'éclairage des stations est entièrement assuré par des lampes à incandescence branchées sur un circuit spécial indépendant de celui de traction. Les souterrains sont également éclairés sur toute leur longueur, de distance en distance, par le même procédé.

Si l'écartement de la voie est le même que celui des grandes compagnies de chemins de fer, le gabarit est, par contre, beaucoup plus petit, ce qui fait que les voitures du Métropolitain pourraient bien circuler sur les lignes de ces compagnies, mais que celles de ces dernières ne pourraient pas rouler sur le Métropolitain. Cette disposition a, du reste, été adoptée intentionnellement par le Conseil municipal de Paris pour éviter tout englobement possible de son réseau par les grandes compagnies.

Le grand inconvénient résultant de cette situation est une réduction de capacité des voitures qui ne présentent, dans leur largeur, que trois places et un couloir, au lieu de quatre places et un couloir offerts par les voitures de grandes lignes.

Le rayon minimum des courbes est de 75 mètres ; toutefois, pour des cas exceptionnels, comme à la gare de la Bastille, par exemple, il peut descendre à 50 mètres, mais la voie est, dans ce cas, munie de contre-rails. Dans les gares terminus, munies de boucles pour l'évolution des trains, le rayon s'abaisse à 40 mètres.

L'inclinaison maximum des rampes est de 0 m. 04 par mètre et deux déclivités de sens contraire sont toujours séparées par un palier d'une cinquantaine de mètres.

**41. Production du courant.** — L'énergie électrique, nécessaire à la traction des trains, est fournie par l'Usine centrale de la Compagnie, à Bercy.

Cette usine comprend huit groupes électrogènes dont sept à courant alternatif triphasé à 5.000 volts et un à courant continu à 600 volts, ce dernier servant à l'alimentation directe des lignes avoisinant l'usine.

La force motrice est fournie par cinq groupes de six chaudières du type semi-tubulaire à deux bouilleurs inférieurs. Chacune d'elles, timbrée à 10 kilos, présente une surface de chauffe de 244 mètres carrés et une surface de grille de 3 mq. 60 ; le diamètre des tubes est de 0 m. 105 et celui des bouilleurs de 0 m. 900. Le volume d'eau est de 15 mc. 7 et celui de la vapeur de 9 mc. 8.

Les chaudières sont alimentées au moyen de petits chevaux qui refoulent l'eau, puisée à la Seine, dans des réchauffeurs tubulaires utilisant la vapeur d'échappement.

Le combustible est amené mécaniquement, par l'intermédiaire d'élévateurs et de transporteurs, dans des soutes placées en face de chaque chaudière. Les escarbilles tombent dans une galerie inférieure dans laquelle débouchent les cendriers et d'où elles sont enlevées au moyen de wagonnets spéciaux.

La vapeur se rend, par l'intermédiaire de canalisations en boucle, dans un collecteur général et, de là, aux machines motrices.

Chaque groupe électrogène comprend une machine à vapeur verticale actionnant directement un alternateur ou la dynamo à courant continu.

Quatre des machines à vapeur sont du type Corliss, compound à condensation. Le diamètre des cylindres à haute pression est de 1 m. 10 et celui des cylindres à basse pression de 1 m. 80, avec une course commune de 1 m. 50. La vapeur arrive sur les petits pistons à une pression d'environ 9 kilos.

Ces machines tournent à une vitesse de 70 tours par minute et leur puissance est de 2.600 chevaux. Elles sont munies chacune de deux régulateurs dont l'un agit directement et l'autre par l'intermédiaire d'un servo-moteur.

Les quatre autres machines ont chacune une puissance de 3.600 chevaux.

Les alternateurs sont à inducteur mobile et à induit fixe. Les pôles inducteurs sont en acier coulé, montés sur un noyau en fonte formant volant, calé sur l'arbre moteur entre les deux manivelles. L'induit est formé de lames de tôle minces dans lesquelles sont pratiquées transversalement des rainures pour les enroulements des bobines.

Trois de ces alternateurs ont chacun une puissance de 1.500 kilowatts sous 5.000 volts et vingt-cinq périodes et les quatre autres, de 2.100 kilowatts.

Le courant d'excitation, transmis à l'inducteur, au moyen de deux bagues isolées, est d'environ 1,5 pour 100 de la puissance des alternateurs. Il est fourni par quatre groupes électrogènes composés, chacun, d'un moteur à courant continu à 600 volts actionnant directement une dynamo shunt de 65 kilowatts, fournissant du courant continu à 130 volts.

Deux autres moteurs à courant continu, excités en dérivation, actionnent deux survolteurs d'une puissance de 200 kilowatts, placés dans le circuit des accumulateurs et donnant une différence de potentiel variable de 0 à 125 volts, suivant les besoins de la charge de la batterie.

Les accumulateurs ont une capacité de 1.600 ampères-heure au régime de décharge en une heure, mais pouvant aller jusqu'à 3.000 ampères-heure.

La dynamo génératrice de courant continu, excitée en dérivation, peut fournir une puissance de 1.500 kilowatts sous 600 volts. L'inducteur comporte vingt pôles et l'induit est à tambour.

L'usine comprend, en outre, quatre groupes de transformation destinés à fournir du courant continu pendant l'arrêt de la dynamo génératrice et pour la commande des survolteurs et des excitatrices. Chacun d'eux comprend trois transformateurs monophasés, réduisant la tension du courant alternatif de 5.000 à 430 volts, et une commutatrice à douze pôles, de 750 kilowatts, recevant du courant triphasé à 430 volts et fournissant du courant continu à 600 volts, à une vitesse de deux cent cinquante tours par minute.

Le tableau de distribution, analogue à ceux des usines de même importance, ne présente rien de particulier.

Le courant continu fourni, soit par la dynamo, soit par les commutatrices, est directement employé par les lignes qui se trouvent auprès de l'usine. Quant au courant triphasé, à 5.000 volts, il est conduit, au moyen de deux câbles à trois conducteurs, aux diverses sous-stations du réseau : Etoile, Champs-Elysées, Barbès, Caumartin, etc.

Ces diverses sous-stations ne diffèrent entre elles que par leur puissance. Celle de l'Etoile comprend quatre groupes de transformateurs et quatre commutatrices de 750 kilowatts, analogues à ceux de l'Usine de Bercy. Elle renferme, en outre, deux groupes survolteurs et une batterie d'accumulateurs d'une capacité de 1.800 ampères-heure, sous le régime de décharge en une heure.

Le refroidissement des appareils à haute tension et l'aération des salles sont assurés par deux ventilateurs actionnés électriquement et débitant 20.000 mètres cubes d'air par heure.

Le tableau de distribution est du type courant ; toutefois, les interrupteurs à haute tension sont commandés à distance au moyen de l'air comprimé. De ce tableau partent des feeders conduisant le courant continu au troisième rail.

**42. Matériel roulant.** — Le matériel roulant comprend des voitures automotrices de 2e classe et des voitures de remorque de 1re et 2e classes.

Les voitures des deux classes sont semblables comme dispositions générales ; la seule différence existant entre elles réside dans la nature des sièges qui sont en lames de bois pour les secondes et recouverts de cuir rembourré, ainsi que les dossiers, pour les premières. La décoration intérieure diffère, en outre, légèrement.

Les premières automotrices construites mesurent 8 m. 80 de longueur entre tampons et comprennent, à l'une des extrémités, une cabine pour le mécanicien ; elles peuvent contenir vingt personnes assises et une quinzaine debout. Le châssis repose sur deux essieux, tous les deux moteurs.

Les voitures de remorque, également à deux essieux, ont une longueur de 9 m. 80 et offrent trente et une places assises et vingt debout. L'accès dans ces différentes voitures se fait par deux portes coulissantes de 0 m. 80 de largeur.

La Compagnie a ensuite fait construire des voitures à deux essieux, de 8 m. 98 de longueur, dans lesquelles les portes ont été presque doublées, c'est-à-dire qu'elles sont formées de deux panneaux coulissants, s'ouvrant en même temps en sens contraire et laissant un passage libre de 1 m. 20. La figure 310 représente une des automotrices de ce type.

Enfin, les dernières voitures sont montées sur deux

Fig. 310.

bogies à deux essieux, ce qui rend le roulement beaucoup plus doux et facilite énormément le passage dans les courbes de faible rayon.

Les automotrices mesurent 13 m. 95 de longueur (fig. 311). Elles comprennent, à l'avant, une cabine entièrement métallique dans laquelle se trouvent tous les appareils de commande du train. A côté de cette cabine, se trouve un compartiment spécial ne comportant que des places debout et dans lequel peuvent prendre place vingt personnes ; une porte à deux vantaux dessert ce compartiment qui communique, en outre, avec le reste de la voiture. Cette dernière partie du véhicule, dans laquelle on accède par deux portes doubles, peut contenir vingt-six personnes assises et trente debout. L'éclairage est assuré par dix lampes à incandescence, dont trois dans le compartiment spécial.

Les voitures de remorque, de 1re et de 2e classe, offrent chacune trente-sept places assises et quarante-cinq debout ; elles sont desservies par trois portes à deux vantaux et éclairées par onze lampes à incandescence.

Toutes les voitures ont une hauteur totale, au-dessus des rails, de 3 m. 30 et une largeur extérieure de 2 m. 40. Elles sont divisées, dans le sens de la largeur, en trois parties : un siège pour une personne, de 0 m. 446 ; un couloir de 0 m. 847 et un siège pour deux personnes, de 0 m. 921.

Les trains, composés avec du matériel à bogies, comprennent quatre ou cinq voitures dont deux ou trois motrices placées à chaque extrémité et commandées d'une seule cabine au moyen du système à unités multiples Thomson-Houston.

Les trains, formés avec l'ancien matériel, se composent d'une ou deux motrices et trois à six voitures de remorque. Les deux motrices sont placées, soit à chaque extrémité du train, ou l'une à l'avant et l'autre au milieu ; mais c'est le plus souvent la première disposition qui est employée, la seconde n'étant utilisée que lorsqu'on forme un train de huit voitures avec deux de quatre, au moment de la période de fort trafic.

La cabine du mécanicien comprend alors, en outre du contrôleur ordinaire, un commutateur spécial destiné à opérer les différents groupements des moteurs, suivant que le train comporte une ou deux voitures motrices.

Si l'on marche avec une seule automotrice et trois voitures de remorque, on place le commutateur spécial sur la position « quatre voitures » et on peut alors exécuter les différentes connexions série-parallèle ordinaires entre les deux moteurs.

Si, au contraire, le train comprend deux automotrices,

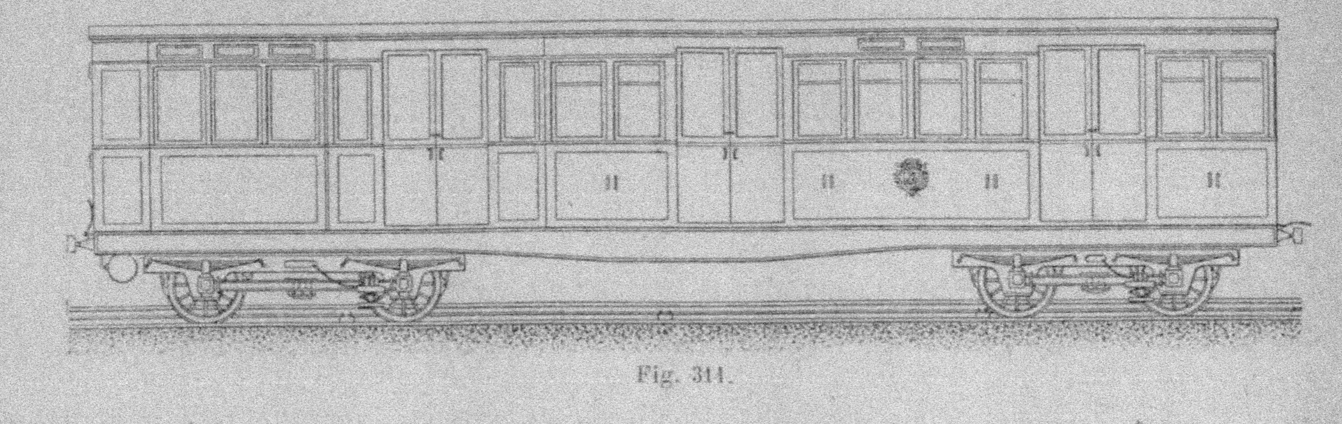

Fig. 311.

on place, une fois pour toutes, le commutateur de chacune d'elles dans la position « huit voitures », ce qui a pour effet de réunir en parallèle les deux moteurs de chaque voiture motrice. On obtient ainsi deux groupes de moteurs entre lesquels se font alors les connexions série-parallèle ordinaires, comme s'il ne s'agissait que de deux moteurs.

Les moteurs sont du type cuirassé Thomson-Houston à simple réduction de vitesse dans le rapport de 1 à 2,71. Leur puissance est de 140 chevaux chacun.

Chaque voiture comporte, en outre des appareils de commande, un certain nombre d'appareils de sécurité, tels que : coupe-circuits automatiques, plombs fusibles, parafoudres, etc.

L'air comprimé, nécessaire pour le fonctionnement du frein et du sifflet, est produit par une pompe actionnée par un petit moteur électrique qui se met en marche automatiquement, dès que la pression de l'air, dans le réservoir, descend au dessous d'une certaine limite.

L'éclairage des voitures est assuré par des lampes à incandescence de 120 volts placées en tension par séries de cinq.

Les réparations de la voie se faisant la nuit, pendant les heures où aucun courant ne circule plus dans les rails conducteurs, la Compagnie du Métropolitain a fait construire de petites automotrices destinées au transport des matériaux et des ouvriers.

Le système employé est du genre Heilmann, c'est-à-dire que l'énergie électrique, nécessaire à la propulsion du véhicule, est produite sur celui-ci, par un moteur à pétrole à quatre cylindres de 32 chevaux actionnant directement une dynamo à quatre pôles. Cette dernière alimente deux moteurs à réduction de vitesse actionnant chacun un des essieux porteurs.

Cette automotrice peut remorquer une charge de dix tonnes la vitesse de 25 kilomètres à l'heure sur tout le parcours.

# CHAPITRE NEUVIÈME

## TRACTION PAR COURANTS ALTERNATIFS

**43. Application des courants alternatifs à la traction.** — L'emploi des courants alternatifs pour la traction électrique présente sur le courant continu certains avantages, tels que : transmission à grande distance sous une haute tension et, par suite, diminution de la perte en ligne et suppression des effets destructeurs dus à l'électrolyse.

Toutefois, comme il n'existe pas actuellement de moteurs pratiques à courant alternatif monophasé démarrant sous charge, il faut, pour ce mode de traction, avoir recours à des moteurs du type à courant continu, dans lesquels, ainsi qu'on le sait, le sens de rotation reste le même lorsqu'on change en même temps le sens du courant dans l'induit et dans les inducteurs, ce qui est bien le cas avec du courant alternatif.

Mais comme la self-induction et l'hystérésis sont très élevés dans ce genre de moteurs, ils sont relativement peu employés. C'est pourquoi les essais auxquels on a procédé jusqu'à ce jour, ont surtout porté sur les courants polyphasés pour lesquels on possède des moteurs à champ tournant qui présentent toutes les qualités des moteurs à courant continu.

C'est ainsi que la traction par courants polyphasés a été appliquée, en 1895, par la maison Brown, Boveri et Cie sur le tramway électrique de Lugano (Italie) ; en 1899, sur le chemin de fer de Burgdorff à Thoune (Suisse) ; et en 1903 sur le chemin de fer à crémaillère de la Jungfrau (Suisse).

Enfin, récemment, des essais de traction à grande vitesse ont été tentés en Allemagne sur la ligne de Berlin à Zossen, au moyen de courants triphasés à haute tension. Nous allons rapidement examiner les dispositions employées et les résultats obtenus.

**44. Ligne de Berlin à Zossen.** — Les premiers essais furent entrepris, par la maison Siemens et Halske, sur une ligne spécialement construite par cette société, à Gross-Lichtenfelde, près de Berlin.

Ces expériences préliminaires donnèrent des résultats satisfaisants, mais la ligne ne présentant qu'une longueur restreinte, les essais furent repris, grâce à l'appui du gouvernement allemand, sur le chemin de fer militaire de Marienfelde à Zossen, auprès de Berlin.

Cette ligne, d'une longueur de 22 kilomètres, est particulièrement bien disposée pour des essais de ce genre, car elle ne comporte, en effet, que quelques rampes très courtes ne dépassant pas 0 m. 005 par mètre ; en outre, les courbes sont peu nombreuses et de rayons supérieurs à 2.000 mètres.

Bien que la voie ne fût construite qu'avec des rails de 33 kilos par mètre, on se contenta, pour les premières expériences, d'augmenter le nombre des traverses et de renforcer le ballastage. Mais, comme on s'aperçut que la voie ne pourrait pas résister aux vitesses supérieures à 150 ou 160 kilomètres, on résolut de la reconstruire sur toute sa longueur.

La nouvelle voie est constituée par des rails Vignole de 12 mètres de longueur, pesant 42 kilos par mètre courant et reposant sur 18 traverses en bois dur.

Sur les 22 kilomètres de longueur de la ligne, environ 17 kilomètres, parcourus à très grande vitesse, ont été munis de contre-rails constitués par des rails couchés sur le côté, c'est-à-dire que les boudins des roues sont guidés par la partie inférieure des patins placés à 0 m. 05 du rail de roulement et à 0 m. 05 au-dessus de leur niveau.

Deux sociétés différentes ont pris part aux dernières expériences : la maison Siemens et Halske et l'Allgemeine Electricitaets Gesellschaft. La première s'est chargée de l'installation de la ligne triphasée amenant le courant à haute tension et la seconde fournit l'énergie électrique nécessaire aux essais, sous forme de courant triphasé à 12.000 volts environ.

La ligne de transmission du courant est constituée par trois fils horizontaux placés les uns au-dessus des autres à 1 mètre d'intervalle, le plus bas étant à environ 5 m. 50 au-dessus du niveau de la voie. Ces fils sont placés à 1 m. 50 de l'axe du rail le plus voisin et supportés tous les 35 mètres par des poteaux renforcés tous les kilomètres.

Chacun de ces poteaux comporte, à sa partie supérieure, un fer à U de 4 mètres de longueur environ, placé verticalement et recourbé à ses deux extrémités. Un fil métallique isolé, tendu entre celles-ci, supporte, par l'intermédiaire d'isolateurs en ébonite, les trois conducteurs de la ligne.

La ligne est divisée en sections d'un kilomètre pourvues chacune d'un dispositif spécial destiné à compenser les pertes de tension. Les fils conducteurs sont en cuivre écroui présentant une résistance à la rupture de 38 kilos par millimètre carré ; leur section est de 100 millimètres carrés et ils peuvent supporter une tension maximum de 20.000 volts.

En cas de rupture d'un des fils conducteurs, celui-ci est mis automatiquement à la terre au moyen d'une large boucle entourant un fil, en communication permanente avec le sol, et venant en contact avec lui quand le conducteur se détend par suite de sa rupture. Des parafoudres complètent le système de protection de la ligne.

Les deux voitures, qui ont servi aux expériences, ont été construites, l'une par la société Siemens et l'autre par l'Allgemeine. Elles sont à peu près semblables, en ce qui concerne le châssis et la caisse, mais elles diffèrent quant à l'équipement électrique.

Chacune d'elles, comportant une cabine de commande à chaque extrémité et un compartiment central pour une cinquantaine de voyageurs, est supportée par deux bogies à trois essieux. L'empattement de chaque bogie était primitivement de 3 m. 80 ; mais comme ils avaient tendance à suivre toutes les irrégularités de la voie, cet empattement a été porté à 5 mètres.

Les essieux extrêmes de chaque bogie sont seuls moteurs, tandis que celui du milieu n'est qu'un essieu de roulement. Les ressorts de suspension sont extérieurs et reliés entre eux par l'intermédiaire de balanciers compensateurs.

Les pivots des bogies ont un certain jeu latéral et sont pourvus de butées à ressorts destinées à supprimer toute transmission d'oscillations entre les bogies et le châssis.

Le poids de chaque voiture est d'environ 96 tonnes, soit 16 tonnes par essieu.

La prise de courant est constituée par trois archets horizontaux, pivotant autour d'axes verticaux et munis chacun d'un anneau de contact sur lequel vient presser un ressort auquel aboutit le câble d'alimentation de la voiture. Pour compenser l'action du vent sur ces archets, on a muni chacun d'eux d'une ailette placée de l'autre côté de l'axe de rotation. La pression exercée par les archets sur les fils est d'environ 5 à 6 kilos.

Chacune des deux voitures comporte deux prises de courant à trois archets, placées à chaque extrémité, afin d'éviter les interruptions de courant au moment du passage d'un des groupes d'archets sur un branchement ou sur un isolateur de section. Mais, tandis que les archets de la voiture de la société Siemens pivotent autour du même axe, ceux de la voiture de l'Allgemeine sont articulés sur trois pivots différents placés les uns derrière les autres, dans le sens longitudinal.

La voiture de l'Allgemeine mesure 22 m. 10 de longueur totale entre tampons, 2 m. 60 de largeur et 4 m. 62 de hauteur totale au-dessus des rails, non compris les appareils de prise de courant. L'empattement total des bogies est de 18 m. 20 et la distance entre leurs axes de 13 m. 20. Les roues ont un diamètre de 1 m. 25.

La longueur totale de la voiture Siemens, représentée figure 312, est de 23 m. 09, sa largeur de 2 m. 40 et sa hauteur de 4 m. 30. Les bogies sont écartés, d'axe en axe, de 14 m. 90 et leur empattement est de 19 m. 90. Le diamètre des roues est également de 1 m. 25.

Quant aux équipements électriques, ils diffèrent totalement pour les deux voitures.

Dans celle de l'Allgemeine, le courant est amené des deux groupes de frotteurs à un interrupteur principal à haute tension, au moyen de câbles armés, et de là, il se rend aux transformateurs placés, ainsi que tous les appareils à haute tension, dans une cabine métallique située au milieu de la voiture. Ces transformateurs sont formés de trois noyaux de fer pourvus chacun d'une fente longitudinale pour le passage de l'air pris, au moyen de trompes, sur le toit du véhicule.

Le courant, ramené à la tension de 435 volts, se rend ensuite au contrôleur et, de là, aux moteurs. Ces derniers, qui sont du type asynchrone à champ tournant, ont chacun une puissance de 250 chevaux en marche normale et de 750 chevaux au démarrage. Ils commandent directement les roues par l'intermédiaire d'un tube entourant l'essieu et de ressorts d'entraînement.

Le courant triphasé à 435 volts, est amené au *stator* du moteur, c'est-à-dire à la partie fixe qui, dans ce cas, est l'inducteur et l'on intercale, au moment du démarrage, dans le circuit du *rotor* (ou partie tournante), c'est-à-dire l'induit, des résistances que l'on retire ensuite progressivement au fur et à mesure de l'augmentation de la vitesse du véhicule.

Ces résistances de démarrage sont constituées par des plaques en charbon, plongeant dans les réservoirs que l'on remplit plus ou moins d'une dissolution de carbonate de soude, au moyen d'une pompe actionnée électriquement.

Dans la voiture construite par la société Siemens et Halske, le courant à haute tension est amené des frotteurs à un dispositif commandant la marche en avant et en arrière, placé dans la cabine du mécanicien. De là, il se rend aux transformateurs et revient au contrôleur principal et arrive enfin aux résistances de démarrage et aux moteurs.

Les transformateurs triphasés, disposés sous le plancher de la voiture, sont composés de noyaux de fer dont les tôles sont réunies en paquets disposés dans le sens de la marche et entre lesquels on a ménagé un espace pour le passage de l'air. Ils peuvent être groupés en étoile pour le démarrage et en triangle pour la marche normale, le point neutre du groupement en étoile est mis à la terre.

Les résistances de démarrage sont métalliques et formées de bandes de kruppine, de 45 millimètres $\times$ 2 milli-

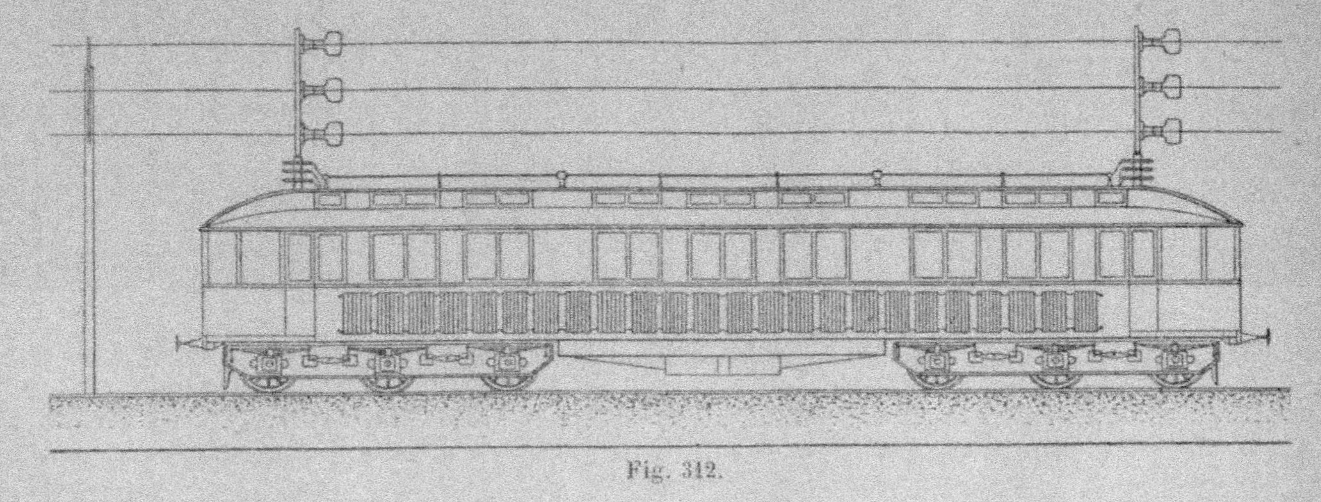

Fig. 312.

mètres de section, disposées en 20 groupes, le long des parois extérieures de la voiture.

Les moteurs sont à six pôles et ont chacun une puissance de 250 chevaux sous 1.100 volts en marche normale et de 750 chevaux sous 1.850 volts au moment du démarrage. Le courant est amené, par trois anneaux, au rotor, qui est pourvu d'enroulements à barres fixes à courant continu, tandis que le stator des moteurs a un enroulement à champ tournant. Le stator, entouré d'une double caisse en fonte, repose sur l'essieu qui est entraîné directement par le rotor. Ce dernier a un diamètre de 0 m. 780, alors que celui extérieur du moteur est de 1 m. 050.

Tous les appareils de commande, interrupteurs, coupleurs en étoile et en triangle, sont manœuvrés à l'aide de servo-moteurs à air comprimé.

Il y a trois sortes de freins, qui ont arrêté les véhicules dans de bonnes conditions de rapidité et de sécurité, un frein à main, un frein à air comprimé à action rapide, système Westinghouse, et celui obtenu en renversant le courant dans les moteurs ; mais comme celui-ci détériore ces appareils, il n'est employé qu'en cas d'urgence. En outre, la voiture de l'Allgemeine est munie d'un frein électrique à sabots.

Les résultats obtenus par la voiture Siemens, qui est celle dont le fonctionnement a été le meilleur, sont les suivants :

La tension du courant primaire, dans la ligne d'alimentation, était de 13.500 volts. La vitesse maximum obtenue a été de 210 km. 200 à l'heure, avec une accélération de 0 m. 18 par seconde par seconde, mais cette vitesse a nécessité une consommation considérable de puissance, qui a atteint 2.040 kilowatts. La résistance de l'air était, à cette vitesse, de plus de 200 kilos par mètre carré.

Le freinage a été obtenu dans de bonnes conditions :

A la vitesse de 110 kilomètres à l'heure, la voiture qui parcourt une distance de 9.600 mètres sur son élan, lorsqu'on ne fait pas usage des freins, a été arrêtée sur une longueur de 810 mètres avec le frein à main et de 500 mètres avec celui à air comprimé. A la vitesse de 155 kilomètres à l'heure, ce dernier frein a arrêté la voiture après un parcours de 1.600 mètres.

La maison Siemens a, en outre, fait construire une locomotive à cabine centrale pour le mécanicien, montée sur deux bogies à deux essieux chacun dont un moteur. Sa longueur totale, entre tampons, est de 13 m. 60, sa largeur de 2 m. 80 et son poids de 40 tonnes. L'empattement de chaque bogie est de 3 m. 25 et l'écartement entre leurs axes de 6 m. 25. Le diamètre des roues est de 1 m. 25.

Les trois archets de prise de courant sont disposés sur le même axe. Il n'y a pas de transformateurs, et le courant alimente les moteurs sous la tension de 10.000 volts.

Ces moteurs ont chacun une puissance de 400 chevaux; ils commandent les essieux par l'intermédiaire d'un engrenage dans le rapport de 69 à 147. L'inducteur est fixe et porte soixante-douze encoches; le rotor comprend quatre-vingt-dix encoches à enroulements triphasés en série et en étoile.

La tension est ramenée à 700 volts, au démarrage, au moyen de résistances en fils de kruppine.

Cette locomotive a remorqué une voiture à voyageurs de 31 tonnes, à la vitesse de 105 kilomètres à l'heure, en absorbant une puissance de 260 kilowatts, donnant 280 chevaux aux jantes.

Les essais se poursuivent toujours sur la ligne de Zossen, et l'avenir nous apprendra prochainement quel parti on peut tirer de ce système de traction.

# CHAPITRE DIXIÈME

## TRACTION ÉLECTRIQUE SUR ROUTES

**45. Automobilisme.** — Deux systèmes seulement peuvent être employés pour la traction automobile électrique : les voitures à accumulateurs et les voitures à groupe électrogène, sur lesquelles le courant est produit par un moteur mécanique actionnant une dynamo génératrice.

Toutefois, dans le cas d'un véhicule assurant un service public et suivant toujours le même trajet, comme une ligne d'omnibus, par exemple, on peut avoir recours à la traction par trolley.

Or, dans le cas de la voiture produisant elle-même son énergie électrique, il ne peut guère être question que d'employer des moteurs à explosion, à essence de pétrole, par exemple, et, dans ces conditions, il semble tout aussi pratique d'utiliser ce moteur pour actionner directement la voiture plutôt que d'avoir recours à l'électricité comme intermédiaire.

Quant à la traction par accumulateurs, les difficultés rencontrées pour recharger ces appareils, en limite forcément l'emploi dans les grands centres où l'on peut facilement trouver des stations de charge.

Pour ces raisons, les automobiles électriques n'ont pas pris, jusqu'à ce jour, le développement que l'on aurait pu attendre de ces voitures qui offrent cependant, sur le autres systèmes d'automobiles, à vapeur ou à pétrole, de grands avantages tels qu'un fonctionnement silencieux et régulier, ainsi qu'une conduite et un entretien faciles.

Le système à groupe électrogène n'a reçu que quelques applications. Il n'est, du reste, réellement avantageux que dans le cas où on y adjoint une batterie d'accumulateurs, en dérivation, qui se charge pendant la marche en pentes douces et qui restitue son énergie au moment de la montée des rampes, ce qui permet de faire toujours travailler le moteur sans à-coups et à une puissance à peu près constante.

Il existe, à Londres, des omnibus de ce système, dont nous parlerons plus loin.

Quant aux voitures à accumulateurs, elles sont beaucoup plus fréquemment employées et leur nombre augmente tous les jours.

Leur forme et leurs dispositions sont des plus variables, tant par l'emplacement des moteurs qui peuvent actionner soit les roues d'avant directrices, soit celles d'arrière, que par celui des accumulateurs ; c'est pourquoi nous nous contenterons d'indiquer quelques données générales sur ces voitures.

La batterie d'accumulateurs, placée avantageusement entre les roues d'arrière, sous la caisse de la voiture, peut, par exemple, comprendre une quarantaine d'éléments présentant une capacité de 300 ampères-heure, sous le régime de décharge en cinq heures, avec une tension de 75 volts et un débit de 60 ampères, soit une puissance de 4,5 kilowatts se traduisant aux moteurs par une puissance utile de 5 chevaux-vapeur.

Quand il n'y a qu'un moteur, il actionne l'un des essieux

par l'intermédiaire d'un différentiel ; lorsqu'il y en a deux, ils entrainent chacun une des roues d'avant ou d'arrière, qui sont alors libres sur l'essieu.

Le courant provenant des accumulateurs passe, avant de se rendre aux moteurs, par un contrôleur, appelé plus généralement dans ce cas *combinateur*, comprenant les touches nécessaires pour donner les marches avant et arrière et opérer, entre les différents éléments de la batterie, les groupements nécessaires pour les démarrages et les changements de vitesse et de puissance.

Le poids des accumulateurs peut osciller entre 500 et 600 kilos et celui des moteurs entre 150 et 200 kilos.

**46. Automobiles postales.** — En dehors des applications particulières, les services publics ont aussi quelquefois recours à ce genre de traction. C'est ainsi qu'à Paris, l'administration des Postes et Télégraphes a fait construire des voitures électriques à accumulateurs pour le transport des sacs de lettres et de dépêches entre les gares et ses différents bureaux.

Chacune de ces voitures est montée sur quatre roues, munies, soit de bandages pleins en caoutchouc, soit de pneumatiques. Les deux roues d'avant sont directrices et celles d'arrière motrices ; le diamètre des premières est de 0 m. 82 et celui des dernières de 0 m. 92. La caisse proprement dite, dont la capacité est de 1 mc. 5 et la charge utile de 600 kilos, est munie d'une porte à l'arrière et d'une trappe à la partie supérieure.

La batterie d'accumulateurs est placée sous le plancher du siège, situé à la partie antérieure de la voiture. Elle comprend quarante-quatre éléments présentant une capacité totale de 150 ampères-heure et pesant, avec la caisse, 650 kilos.

Cette batterie repose sur quatre rouleaux, de façon à pouvoir être enlevée et remplacée, en quelques minutes, par une autre batterie chargée à l'Hôtel des Postes, pendant la durée de fonctionnement de la première.

Le combinateur peut donner huit vitesses pour la marche avant, deux positions pour la marche avec récupération dans les pentes, deux positions de freinage par renversement du courant et trois vitesses pour la marche arrière.

Sur le plancher du siège, se trouvent deux pédales, dont l'une sert à couper le courant et l'autre à actionner un frein de moyeu à ruban.

Le moteur, à excitation shunt en vue de la marche avec récupération, comprend deux induits indépendants, placés bout à bout sur le même axe et tournant dans le même champ inducteur. Chacun d'eux actionne une des roues d'arrière par l'intermédiaire d'une chaîne et de deux pignons dentés.

Ces voitures, dont le poids total est de 2.400 kilos, peuvent fournir une étape d'une quarantaine de kilomètres, à la vitesse de 20 à 25 kilomètres à l'heure.

**47. Omnibus électriques de Londres.** — Ainsi que nous l'avons dit plus haut, il circule dans les rues de Londres des omnibus électriques à groupe électrogène.

Ces omnibus, qui offrent trente places dont douze d'intérieur, sont supportés par quatre roues munies de pneumatiques spéciaux, très résistants. Les roues d'avant, qui ont 1 mètre de diamètre, sont directrices et celles d'arrière, dont le diamètre est de 1 m. 25, sont motrices.

La force motrice est produite par un moteur à pétrole à quatre cylindres, fixé sous le siège du conducteur, placé à l'avant. Ce moteur, dont la puissance normale est de 16 chevaux, à la vitesse de 475 tours par minute, actionne directement une dynamo de 6,25 kilowatts sous 125 volts.

Le courant, produit par cette machine, est envoyé à un contrôleur et, de là, à deux moteurs bipolaires, de 8 chevaux chacun, actionnant les roues d'arrière par l'intermédiaire d'un engrenage à double réduction de vitesse.

Une batterie d'accumulateurs de 48 éléments, présentant une capacité de 125 ampères-heure, est intercalée en dérivation dans le circuit d'alimentation des moteurs, entre la dynamo et le contrôleur.

En marche normale, les moteurs absorbent 30 ampères, sur les cinquante produits par la dynamo, tandis que les 20 ampères disponibles sont employés pour charger les accumulateurs. Dans la montée des rampes un peu fortes, ceux-ci restituent cette puissance qui vient s'ajouter à celle fournie aux moteurs par la dynamo, qui tourne toujours ainsi à une vitesse à peu près constante.

La mise en marche du moteur à pétrole s'obtient en envoyant le courant des accumulateurs dans la dynamo qui se met à tourner comme réceptrice en entraînant le moteur.

La vitesse maximum, atteinte par ces omnibus, est de 18 kilomètres à l'heure. Ils sont munis de deux freins à ruban agissant sur des tambours calés sur les arbres des moteurs électriques. On peut, en outre, employer le freinage par renversement du courant dans ces moteurs, en cas d'urgence.

**48. Omnibus à trolley.** — Par suite du poids considérable des batteries, on ne peut guère songer à appliquer la traction par accumulateurs à ces lourdes voitures que sont les omnibus. Cependant, à Berlin, on a établi, dans ces conditions, un service d'omnibus à dix-huit places, dont le fonctionnement paraît donner de bons résultats.

Mais il est un autre système beaucoup plus séduisant, consistant à fournir l'énergie électrique aux omnibus, au moyen d'un trolley ; toutefois, comme ces véhicules doivent forcément pouvoir évoluer sur toute la largeur de la route qu'ils suivent, soit pour croiser ou dépasser d'autres voitures, le trolley, au lieu d'être rigide comme pour les tramways, est constitué par un câble souple, d'une certaine longueur, terminé par un petit chariot roulant sur la ligne de prise du courant.

Celle-ci est composée de deux conducteurs, dont un pour l'alimentation et l'autre pour le retour du courant, supportés par des isolateurs spéciaux permettant la circulation du petit chariot sur les deux câbles qui font ainsi l'office de rails de roulement.

Ce petit chariot est automoteur, c'est-à-dire qu'il renferme un moteur électrique lui communiquant un mouvement de translation, à une vitesse sensiblement égale à celle de l'omnibus. La partie du câble, située près du chariot, prenant une certaine inclinaison par suite de l'avance ou du retard de celui-ci sur la voiture, agit sur un rhéostat qui proportionne la vitesse du moteur du chariot à celle du véhicule et l'arrête en même temps que lui.

Quant au système moteur de l'omnibus, il est à peu près semblable à celui d'un tramway, c'est-à-dire qu'il comporte un contrôleur, les résistances de démarrage et les moteurs nécessaires, avec cette différence que le retour du courant, au lieu de se faire par la terre, est assuré, comme nous l'avons dit, par un des câbles de la ligne.

Un service d'omnibus à trolley de ce genre existe en France, entre Fontainebleau et Samois, soit sur une distance de 4 kilomètres.

Les voitures sont au nombre de deux, mais normalement, il n'y en a qu'une en service, l'autre restant en réserve et ne circulant que les jours d'affluence.

Le trajet est parcouru en vingt minutes, soit à une vitesse de 12 kilomètres à l'heure.

Le courant continu est fourni par la Société des tramways de Fontainebleau, ce qui a dispensé la Compagnie de l'omnibus à trolley de faire construire une usine spéciale.

Cette ligne fonctionne dans de très bonnes conditions de régularité et la circulation des voitures dans les rues se fait avec une grande facilité, même dans les tournants brusques.

## CHAPITRE ONZIÈME

## CHEMIN DE FER ÉLECTRIQUE SUSPENDU

**49. Ligne de Barmen à Elberfeld et à Vohwinkel-Infrastructure.** — Le chemin de fer électrique aérien de Barmen à Elberfeld et à Vohwinkel (Allemagne) a été inauguré le 1er mars 1901. Il est du type monorail suspendu, système Langen, et a été construit par la Société continen-

Fig. 313.

tale d'entreprises électriques de Nuremberg (*Continentale Gesellschaft für elektrische Unternehmungen in Nürnberg*).

Ce chemin de fer, d'une longueur totale de 13.300 mètres, est établi, pendant la plus grande partie de son parcours (environ 10 kilomètres), au-dessus de la rivière la Wupper, et pour le reste du trajet, au-dessus des rues.

La voie, qui est double, se compose de deux rails uniques, un pour chaque sens de marche, fixés sur un viaduc métal-

Fig. 314.

lique supporté par des piliers en fer, dont les pieds reposent, soit sur les berges de la rivière, soit sur les bas-côtés de la route.

Les figures 313, 314 et 315 donnent les coupes transversales de la voie pour ces deux cas, ainsi que l'élévation.

Le viaduc, en treillis de fer, se compose, par le fait, de trois parties : une poutre verticale, supportant à sa partie

Fig. 315.

supérieure une poutre horizontale, et à sa partie inférieure une autre poutre également horizontale, de chaque côté de laquelle sont fixés les rails de roulement. Cette dernière est reliée par des entretoises au sommet de la poutre verticale, ce qui constitue un viaduc léger et d'une très grande solidité.

La longueur de chacune des poutres, c'est-à-dire la distance existant entre deux supports métalliques consécutifs est d'environ 30 mètres.

Les stations sont au nombre de 20, ce qui donne un espacement moyen de 700 mètres. Elle comportent chacune deux quais extérieurs aux voies et placés à environ 4 m. 50 au-dessus du sol, c'est-à-dire, à la même hauteur, que les planchers des voitures dans lesquelles on accède ainsi de plain pied.

Les frais de construction du viaduc, y compris les stations ont été de 8 millions de francs environ, soit 600.000 fr. par kilomètre. Quant au prix de revient total, il a été de 12 à 15 millions.

**50. Voie.** — La voie se compose, comme nous l'avons dit, de deux rails de roulement (un pour chaque sens de marche) fixés de chaque côté de la poutre inférieure du viaduc, sur laquelle on a établi un plancher permettant la circulation facile pour l'inspection de la voie et la surveillance de l'équipement électrique.

Les aiguillages sont assez rares sur ce chemin de fer et présentent d'ailleurs quelques difficultés. Il doit, en effet, exister entre le rail principal et le rail de l'embranchement une distance minimum de 1 m. 15 pour le passage libre des chariots porteurs des voitures et on a été obligé, pour cette raison, d'employer des aiguilles de 5 mètres de longueur et de 8 mètres de rayon.

Les roues, étant à gorge, doivent d'abord être soulevées afin d'abandonner le rail principal, et pour cela, le bord supérieur de l'aiguille, qui commence au-dessous du niveau de ce rail, s'élève progressivement jusqu'à ce que le boudin de la roue, dont la hauteur est de 30 millimètres, se trouve complètement dégagé.

Pour guider la roue pendant son passage sur l'aiguille, celle-ci comporte une rainure au fond de laquelle roule le boudin intérieur jusqu'au moment où l'aiguille, en s'élevant, recouvre entièrement le rail principal et offre la surface de roulement normale.

L'aiguille, proprement dite, est suspendue à une poutre mobile, manœuvrée électriquement, en raison du poids élevé de l'ensemble de l'appareil, et elle est maintenue en place au moyen d'un système de leviers et de verrous.

Il existe, en plusieurs endroits de la ligne, des boucles de garage de 8 mètres de rayon. La voie de garage descend à partir de l'aiguille de façon à passer sous la voie principale, à une distance suffisante pour ne pas gêner la circulation sur cette dernière, et remonte de l'autre côté pour rejoindre l'autre voie principale.

Les rampes sont peu nombreuses et relativement faibles, puisque le chemin de fer suit le cours de la rivière la Wupper pendant la plus grande partie de son trajet. Les principales sont nécessitées par les voies de garage et elles ne dépassent pas 0 m. 045 par mètre.

Le rayon minimum des courbes est de 90 mètres en pleine voie et de 30 mètres dans les gares ; il descend, comme nous l'avons vu, jusqu'à 8 mètres pour les voies de manœuvres et d'évitement.

Les rails de prise de courant sont du type Vignole et mesurent 10 mètres de longueur, 45 millimètres de hauteur et 500 millimètres carrés de section.

L'énergie électrique est fournie, sous forme de courant continu, par l'Usine centrale d'Elberfeld. Ce courant est produit par quatre génératrices accouplées directement aux machines à vapeur et donnant 1.400 ampères sous 600 volts.

Une batterie de réserve, chargée à 120 volts, au moyen d'un transformateur rotatif, peut réciproquement fournir du courant à 600 volts en cas d'avarie des génératrices.

La ligne est divisée en trois sections, alimentées chacune par un câble à deux conducteurs, dont un pour chaque rail de prise de courant.

**51. Matériel roulant.** — Les voitures mesurent 11 m. 45 de longueur, 2 m. 60 de hauteur et 2 m. 10 de largeur et sont desservies par deux portes latérales placées à chaque extrémité.

La partie inférieure du plancher de chacune d'elles se trouve à environ 4 m. 50 au-dessus du sol et à 3 m. 42 au-dessous du niveau supérieur du rail de roulement.

Il existe deux types de véhicules :

1° Voitures comprenant une cabine pour le mécanicien et pouvant contenir quarante-six personnes dont trente-six assises ;

2° Voitures ordinaires offrant trente places assises et vingt places debout.

Ces voitures sont suspendues à deux châssis à bogie placés à chaque extrémité du véhicule et dont l'écartement d'axe en axe est de 8 mètres (fig. 316 et 317).

La suspension s'effectue par l'intermédiaire de deux ressorts R, réunis par un balancier A pivotant autour de l'axe X de la tige de suspension S.

Chaque bogie comporte deux roues motrices à gorge, portant chacune une couronne dentée sur laquelle engrène un pignon calé sur l'arbre du moteur M, qui reçoit le courant du rail conducteur C au moyen d'un frotteur F. Ces frotteurs sont en fonte, avec garniture en acier comportant des rainures enduites de graisse et de graphite.

Les moteurs sont à quatre pôles et excités en série. Ils tournent à huit cents tours sous 550 volts et 50 ampères et développent chacun 36 chevaux, soit 72 chevaux par voiture.

La partie inférieure de la poutre T, supportant le rail de roulement B, n'est qu'à 7 millimètres d'une pièce en arc de cercle D fixée sur la tige de support S, reliant le véhicule au châssis, ce qui fait que celui-ci peut prendre, par rapport à la verticale, une inclinaison allant jusqu'à 15 degrés et que les déraillements sont impossibles puisque la hauteur des boudins est de 30 millimètres.

Les trains, qui se composent de deux voitures, peuvent se succéder de deux en deux minutes grâce à un bloc-système automatique, type Hall. La vitesse moyenne est de 35

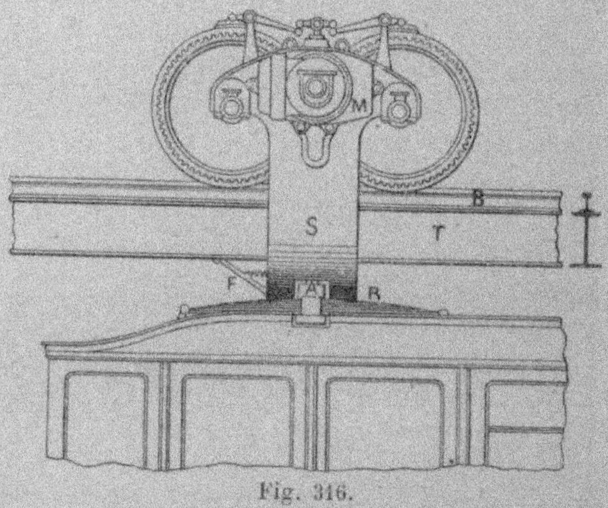


Fig. 316.

à 40 kilomètres à l'heure, mais pourrait être largement dépassée, malgré les courbes très prononcées, sans courir les risques de déraillements qui pourraient être à craindre avec les chemins de fer ordinaires.

En effet, dans ce système, le centre de gravité des voitures étant au-dessous du rail de roulement, celles-ci prennent automatiquement, dans les courbes, leur position d'équilibre résultant de leur poids, de leur vitesse et du rayon des courbes, sans que les voyageurs en soient même incommodés, puisqu'ils subissent également les effets de la force centrifuge.

Ainsi, avec des courbes de 160 mètres de rayon, on peut atteindre sans danger des vitesses de 100 kilomètres à l'heure et de 150 kilomètres avec des courbes de 350 mètres, alors qu'il faudrait respectivement, pour ces vitesses, des courbes de 1.200 et de 2 500 mètres de rayon avec une voie ordinaire de chemin de fer.

Un autre avantage de ce système, c'est qu'il peut être installé au-dessus des voies déjà existantes, sans nécessiter l'achat de nouveaux terrains, ou dans les villes, au-dessus

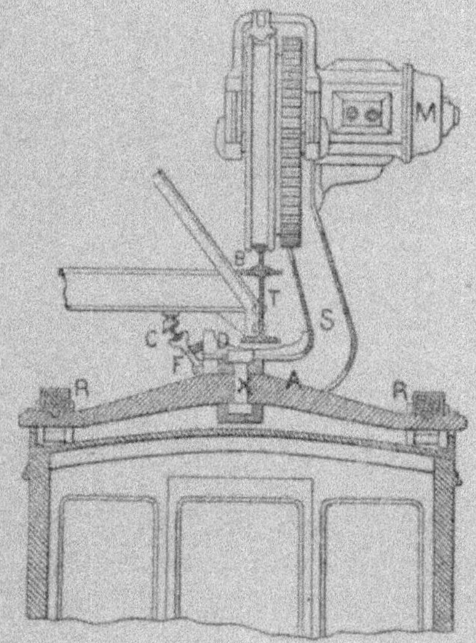


Fig. 317.

des rues déjà encombrées par la circulation des tramways et autres véhicules, et cela au moyen d'un viaduc léger et relativement peu coûteux par rapport aux autres systèmes de chemins de fer aériens.

L'accélération varie de 0 m. 50 à 0 m. 80 par seconde, par seconde, c'est-à-dire qu'au bout de 22 secondes et après un parcours de 120 mètres, le véhicule a atteint sa vitesse normale de marche de 40 kilomètres à l'heure.

Le ralentissement ou l'arrêt des voitures est obtenu au moyen d'un frein à air comprimé Westinghouse dont les sabots agissent sur la partie supérieure des roues. Le freinage peut, en outre, être obtenu de deux autres manières :

1° Mécaniquement : au moyen d'un frein à main actionnant les mêmes sabots ;

2° Électriquement : en faisant agir les moteurs comme dynamos sur des résistances spéciales ou en inversant le courant dans les moteurs.

Le ralentissement atteint 0 m. 75 par seconde par seconde, ce qui fait que les voitures marchant à 40 kilomètres à l'heure peuvent être arrêtées après un parcours de 80 mètres.

La dépense d'énergie électrique est d'environ 700 watts-heure par voiture-kilomètre.

---

# TABLE DES MATIÈRES

## CHAPITRE I. — Généralités sur la traction électrique.



## CHAPITRE II. — Traction par prise de courant extérieure.



## CHAPITRE III. — Système moteur.



## CHAPITRE IV. — Traction par accumulateurs.

CHAPITRE V. — **Traction par système générato-moteur.**



CHAPITRE VI. — **Chemins de fer à traction électrique.**



CHAPITRE VII. — **Traction par unités multiples.**



CHAPITRE VIII. — **Métropolitain de Paris.**



CHAPITRE IX. — **Traction par courants alternatifs.**



CHAPITRE X. — **Traction électrique sur routes.**



CHAPITRE XI. — **Chemin de fer électrique suspendu.**



---

ÉMILE COLIN ET C^ie — IMPRIMERIE DE LAGNY

*Librairie Bernard Tignol,*
*53 bis, Quai des Grands-Augustins*
**Téléphone 823.28**

---

CATALOGUE

DES

# Ouvrages Scientifiques et Industriels

## ÉLECTRICITÉ

## INDUSTRIES DIVERSES

## Chimie — Arts et Manufactures — Agriculture

Ces livres sont envoyés franco, joindre à la demande le montant en un mandat-poste

*Nous fournissons également tous les ouvrages de Science, Industrie, Littérature, etc., qui ne figurent pas dans nos Catalogues*

**La Maison se charge de publier à son compte ou à celui des Auteurs tous les ouvrages se rattachant à sa spécialité**

**1906**

PARIS

**Librairie Bernard TIGNOL**

PUBLICATIONS DE LA

**LIBRAIRIE de L'ÉCOLE CENTRALE des ARTS et MANUFACTURES**

53 *bis*, Quai des Grands-Augustins, 53 *bis*

*Académie des sciences.*

**L'ancienne Académie des Sciences.** Les Académiciens de 1666 à 1793, par Ernest MAINDRON, in-8°. — Prix . . . . . . . . . . **3** fr.

*Accumulateurs* (Voir ÉLECTRICITÉ, PILES).

**Les Accumulateurs électriques.** Nouvelle édition, par F. CACHEUX, ingénieur-électricien. — 1 vol. in-16 avec figures dans le texte, 1901. — Prix. . . . . . . . . . . . . . . . . . . . . . . . . **4** fr.

TABLE DES CHAPITRES. — Description et mode d'emploi des piles secondaires. — Les accumulateurs anciens et nouveaux. — Montage des éléments et choix du local pour les accumulateurs. — Charge et décharge. — Les accidents : leurs causes et leurs remèdes. — Résumé.

*Acétylène.*

**L'Acétylène et ses Applications,** par F. DOMMER, ingénieur des Arts et Manufactures, professeur à l'École de physique et de chimie industrielles de la Ville de Paris; 1 beau vol. in-16.— Prix. . . **4** fr. **50**

Cet ouvrage, est entièrement consacré à l'*Acétylène*, le nouveau et déjà célèbre concurrent du gaz et de l'électricité. Tout ce que nous savons à ce jour sur l'acétylène, préparation de carbure de calcium, emploi dans l'éclairage, lampes mobiles, régulateurs, application à la carburation du gaz, à la traction, aux produits chimiques, alcool, etc., est décrit minutieusement.

*Acide sulfurique.*

**Fabrication de l'Acide sulfurique.** Procédés de contact, par E. PETITGOUT, in-16, 10 figures, 1902. — Prix. . . . . . . . **1** fr. **50**

*Aérostation.*

**Manuel pratique de l'Aéronaute.** Étoffe.— Couture.— Filet. — Soupape. — Nacelle. — Lest. — Guide-rope. — Courants. — Observations. — Descente, etc. — Par W. DE FONVIELLE; in-16, figures. — Prix . **5** fr.

**3,000 kilomètres en Ballon,** par Maurice FARMAN, 1 volume in 8° illustré de nombreuses figures. — Prix. . . . . . . . . . . **3** fr. **50**

**Machines aériennes d'aluminium** (Fusairs et Uranes), par CONST. FONTANA, in-16 avec figures. — Prix . . . . . . . . . . . **1** fr. **50**

**Aérostation.** Construction, description et direction des ballons, par MIRET, in-8°, 58 pages, 37 figures. — Prix . . . . . . . . . . . . . . **2** fr. **50**

*Agriculture.*

**Petite Encyclopédie d'Agriculture**, publiée sous la direction de M. A. Larbalétrier, professeur à l'Ecole d'Agriculture de Grand-Jouan. Chaque ouvrage forme un volume in-16 avec nombreuses figures dans le texte. Les 10 volumes ensemble. Prix : **15** fr.

**Les Engrais.** Engrais chimiques. — Engrais naturels. — Engrais composés. — Formules. — Besoins des Plantes. — Analyse des Engrais par F. Legrand, 19 figures. — Prix . . . . **1** fr. **50**

**Le Drainage des Terres arables.** Drains en bois, en poterie, etc. — Travaux sur le terrain. — Drainages spéciaux. — Fonctionnement. — Avantages, par A. Larbalétrier, 29 figures. — Prix. **1** fr. **50**

**Élevage du Bétail.** Chevaux.—Bœufs.—Vaches.—Moutons.—Porcs, etc. par Em. Darbory, propriétaire-éleveur, 55 figures . . . . . . . . **1** fr. **50**

**Nos Légumes et nos Fleurs.** Caractères. – Variétés. — Culture. — Maladies, etc., par E. Faveri et A. Larbalétrier, 56 figures. **1** fr. **50**

**Laiterie, Beurre et Fabrication des Fromages.** Lait. — Analyse. — Conservation. — Écrémage. — Barattage. — Beurre. — Conservation.—Fromages mous, frais, affinés, cuits, etc., par E. Rigaux, professeur à l'École d'Agriculture de Mende, 320 pages, 73 figures. . **3** fr.

**Machines agricoles et Constructions rurales.** Charrues.—Herses. — Semoirs. — Faucheuses. — Moissonneuses. — Lieuses. — Batteuses, etc. — Constructions : Écuries. — Bouveries. — Étables, in-16, nombreuses figures, par G. Ménel, 112 figures. — Prix. . . . . **1** fr. **50**

**Céréales et Fourrages.** Culture pratique. — Froment. — Seigle. — Orge. — Avoine. — Sarrasin. — Trèfle. — Betterave, etc., par A. Larbalétrier, 51 figures . . . . . . . . . . . . . . . . . . **1** fr. **50**

**Arbres fruitiers et la Vigne.** Fumure. — Conduite. — Multiplication. — Variétés : Abricotier. — Amandier. — Cerisier, etc. — La Vigne. — Cépage, Culture, Accidents, Maladies, par P. d'Aygalliers, 46 figures . . . . . . . . . . . . . . . . . . . . . . . . **3** fr.

**Cidre, Poiré et Boissons économiques.** Culture du pommier et du poirier. — Fabrication du cidre et du poiré. — Maladie du cidre, remèdes. — Eaux-de-vie. — Vinaigre. — Conservation des fruits. — Vins de Dattes, Figues, Poires, Pommes tapées. — Vins de fruits frais. Cerises, Prunes, Framboises, Groseilles, etc., 24 fig., par E. RIGAUX. **1 fr. 50**

**Volailles, Lapins et Abeilles.** Poules. Élevage, Incubation, Engraissement, Pintades, Dindons, Oies, Canards, Pigeons. — Lapins. Elevage, Alimentation. — Abeilles. Colonies, Nourriture, Rucher, Essaimage, Ruche, Récolte du miel, par E. PARADIS et A. MONTOUX, 52 fig. — Prix. **1 fr. 50**

---

**Conserves alimentaires.** Fruits, Légumes, Poissons et Viandes, par DE NOTER; 1 beau volume in-16, 67 figures. — Prix . . . . . . **3 fr.**

**La Vaccination charbonneuse,** d'après PASTEUR, par CH. CHAMBERLAND; in-8°, 10 figures, cartonnage toile. — Prix. . . . . . . . . **5 fr.**

*Alcool* (Voir DISTILLATION).

**Fabrication de l'alcool.**

1re PARTIE. — Distilleries agricoles, par E. ROBINET et G. CANU, 1 v. in-16, 55 figures, cartonné. — Prix. . . . . . . . . . . . . . . . . . . **3 fr.**

2me PARTIE. — Tables de réduction et d'augmentation des degrés alcooliques, par P. DUSSERT; 1 vol. in-16, cartonné. — Prix . . . . **4 fr. 50.**

*Aluminium.*

**L'Aluminium.** Nouveaux procédés de fabrication. — Alliages. — Emplois récents de l'aluminium. — Par Ad. MINET, ingénieur-électricien; 2 volumes in-16, figures dans le texte. — Prix. . . . . . . . . . . . . . . . **9 fr.**

*On vend séparément :*

1re PARTIE : Fabrication. — Prix. . . . . . . . . . . . . . . **4 fr. 50**
2e PARTIE : Alliages, Emplois. — Prix. . . . . . . . . . . . . **4 fr. 50**

*Amalgames.*

**Les Amalgames et leurs applications,** par Léon de MORTILLET, ingénieur des Arts et Manufactures; in-8°, 1904. — Prix. . . **2 fr**

*Ammoniaque*

**L'Ammoniaque, ses nouveaux Procédés de Fabrication et ses Applications.** L'Ammoniaque. — Ses sels ammoniacaux. — Propriétés physiques. — Fabrication. — Travail des Eaux ammoniacales. — Analyse de l'Ammoniaque. — Des Sels ammoniacaux. — Des Matières premières. — Dosage dans les Eaux. — Applications. — Production et Consommation. — Brevets. — Par P. TRUCHOT, ingénieur-chimiste; in-16, figures. — Prix. . . . . . . . . . . . . . . . . **6 fr.**

## *Architecture et Constructions.*

**Aide-Mémoire de poche de l'Architecte et de l'Ingénieur-Constructeur,** pour le calcul des Constructions. — Formules usuelles. — Fondations. — Poutres. — Planchers en fer et en bois. — Calcul des Fermes. — Maçonnerie. — Hydraulique. — Électricité. — Chauffage. — Escaliers, etc. — Tables. — Par Ch. Sée, ingénieur-architecte; 1 volume in-16, avec figures, cartonné, toile anglaise. — Prix. . . . . . . . . . . . . . . . . . . . . . . . . 4 fr. 50

**Tables à l'usage des Constructeurs,** donnant, par la connaissance de la corde et de la flèche, le rayon, l'angle au centre, etc. — Par L. Sergent, in-12 (1882). — Prix. . . . . . . . . . . . . . 1 fr. 50

**Les Cheminées d'usines.** Construction. — Réparations, par Victor Lefèvre, ingénieur civil; 1 volume in-16 de 48 pages, avec 13 figures dans le texte. — Prix. . . . . . . . . . . . . . . . . . . . . . 1 fr. 50

**La Tour Eiffel de 300 mètres** de l'Exposition Universelle. — Historique et Description; par Max de Nansouty, ingénieur; 1 volume in-16 de 140 pages; nombreuses figures. — Prix. . . 2 fr. 50

**Théorie sur la stabilité des hautes cheminées en maçonnerie,** par Gouilly (Al.), ingénieur des Arts et Manufactures, répétiteur à l'École centrale, in-8° avec planches, 1876.— Prix 1 fr. 50

**Constructions en fer.** Nouveau cours pratique et économique de constructions en fer, texte, planches et devis descriptifs et explicatifs des prix au kilogramme, à la pièce, au mètre carré et au mètre courant, suivi de nouvelles formules pratiques pour la résistance, par Mongé, constructeur, in-4°, 60 pages et 9 planches in-4° doubles, 1861.—Prix réduit. 4 fr.

**Charpentier en Fer** (*Manuel pratique du*), traitant de l'outillage, des épures, du traçage, de l'organisation des ateliers, des escaliers en fer, etc., par Léon Delaloe, ingénieur civil des Arts et Manufactures. 2me édition revue et augmentée, 1 volume in-8° illustré de 112 figures et 10 planches.— Prix. . . . . . . . . . . . . . . . . . . . . . . . . . . 6 fr.

## *Arpentage.*

**Manuel pratique d'Arpentage et de levé des Plans,** par G. Dallet, du Service géographique de l'Armée, 1 volume in-16, 73 figures dans le texte. — Prix. . . . . . . . . . . . . . 4 fr.

*Automobiles. — Motocyclette.*

**Manuel pratique du Constructeur d'Automobiles à pétrole**, par Maurice Farman. — Un beau volume in-16, avec 65 figures dans le texte et un atlas de 20 planches in-4°. — Prix. . . **9 fr.**

La fin de l'Exposition universelle a marqué l'entrée de l'automobilisme dans une seconde période qui permet enfin la publication d'un ouvrage mis au courant des derniers progrès accomplis et donnant, pour les plus importantes marques, les détails de construction de la voiture automobile et le montage du moteur.

Le livre de M. Maurice Farman sera aussi utile aux constructeurs et aux propriétaires qu'aux nombreux mécaniciens qui sont chargés journellement d'exécuter les réparations urgentes.

**Manuel du Conducteur-Chauffeur d'Automobiles**, par Maurice Farman. — In-8°, 75 figures, 4me édit. 1905. — Prix. **4 fr. 50**

Motocyclette modèle 1905

**La Motocyclette.** Choix de la machine et des appareils. — Accessoires. — Moteur à quatre temps. — Carburateur à pulvérisation. — Conduite. — Graissage. — Transmission. — Pannes, etc., par A. Coqueret, un beau volume in-8°, figures. — Prix. . . . . . . . . . . . . . . . . . . **1 fr. 75**

*Bière.*

**Manuel pratique de la Fabrication de la Bière**, par P. Boulin, chimiste-industriel; un gros volume in-16, avec figures dans le texte et une planche (plan d'une grande brasserie). — Préparation du malt. — Brassage. — Le moût. — Houblonnage. — Fermentation. — Levure. — Mise en levain, etc. — Les fûts. — Caves. — Clarification. — Diverses méthodes de brassage. — Analyse. — Falsification, etc. — Prix. **9 fr.**

**Tables du degré de fermentation et du rendement en extrait donnés immédiatement sans calcul**, par Jean Stauffer, professeur à l'École de brasserie de Munich. 1 grand volume in-8° de 964 pages. Cartonné toile. — Prix. . . . **10 fr.**

*Bois, Arbres, Machines diverses* (Voir Scieries).

**Conservation des Bois.** Séchage rapide, imputrescibilité et ininflammabilité des bois, par P. Dumesny, in-16 avec figures, 1902. — Prix. **1 fr. 50**

**Arbres fruitiers et la Vigne.** Fumure. — Conduite. — Multiplication. — Variétés : Abricotier. — Amandier. — Cerisier, etc. — La Vigne. — Cépage, Culture, Accidents, Maladies, par P. d'Aygalliers, 48 figures. — Prix . . . . . . . . . . . . . . . . . . . . . . . **3 fr.**

**Traité de Sylviculture générale.** Culture, Aménagement et Gestion des Forêts, par Alexis Frochot, sous-inspecteur des Forêts. — 1 volume in-8°, 264 pages, 41 figures. — Prix . . . . . . . . . . **10 fr.**

**Tarif métrique pour la réduction des bois** en grume et de la charpente de trois en trois centimètres, suivi d'un tarif pour la réduction des sapins, par L. Godart et O. Périnet, marchands de bois, in-18, 10me édition. — Prix. . . . . . . . . . . . . . . . . . . **4 fr. 50**

**Machines-outils à travailler le bois.** Machines à trancher, à corroyer, à blanchir, à dresser et à percer; outillage, toupie à avancement automatique, machine à raboter, scies à ruban, parqueteuses, travail des mortaises, travail des tenons, etc., par Raux et L. Vigreux, ingénieurs civils, 1 volume grand in-8°, 92 pages avec figures et 20 planches Prix . . . . . . . . . . . . . . . . . . . . . . . . . . . . . **3 fr.**

*Bougies* (Voir Savons).

**Théorie et pratique de la Fabrication des Bougies, des Chandelles et Savons de Toilette**, par Léon Droux et V. Larue, ingénieurs-chimistes ; in-8° de 592 pages, 108 figures dans le texte et un atlas de 19 planches in-4°, cartonnage toile anglaise.

Cet ouvrage doit être considéré comme un *vade-mecum* indispensable pour tous ceux dont l'industrie a pour base les matières grasses : fabricants d'acides gras, huiliers, stéariniers, chandeliers, savonniers et parfumeurs, etc. Sous une forme condensée, on y trouve, avec les renseignements les plus complets, les études théoriques et pratiques sur les matières premières, l'outillage, la fabrication, les progrès réalisés dans chacune de ces industries. — Prix. . . . . . . . . **20 fr.**

*Boulangerie et Meunerie.*

**Manuel du Boulanger et du Pâtissier-Boulanger.** Boulangerie et Pâtisserie-Boulangère françaises et étrangères, par E. FAVRAIS, boulanger-pâtissier à Paris, fondateur de l'école professionnelle de la boulangerie, 1 beau volume in-8° avec 124 figures dans le texte, 2 planches en noir et 17 planches en couleur. — Prix . . . . . . . . . . . . . . **12** fr.

Pétrissage marseillais.

**Guide pratique de la Meunerie et de la Boulangerie**, par Pierre MARMAY, ancien meunier. 1 volume in-8° de 144 pages avec atlas de 9 planches in-4° gravées sur acier, 1863. — Prix réduit. **5** fr.

*Briques et Tuiles.*

**Guide du Briquetier : Briques, Tuiles, Carreaux,** par Émile LEJEUNE et BONNEVILLE, revu et augmenté par P. ROBINE; in-16, nombreuses figures. — Prix . . . . . . . . . . . . . . . . . . . . . **10** fr.

*Caoutchouc.*

**Les Courroies en caoutchouc.** Calcul et emploi, par R. BOBET, ingénieur, in-16, 1897. — Prix. . . . . . . . . . . . . . . . . . **1** fr.

**Au pays du caoutchouc,** par Eugène ACKERMANN, ingénieur civil des Mines, 1 volume in-12 de 61 pages avec 3 phototypies.— Prix. **1** fr. **50**

*Carrosserie.*

**La Carrosserie.** Poids des voitures, roues, essieux, ressorts, suspension de voitures, avant-trains, caisses, voitures diverses, appareils enregistreurs de la vitesse, du tirage et de la douceur de suspension, par G. ANTHONI, in-8°, 64 pages, 41 figures et 1 planche, 1878. — Prix. . . . . . . **3** fr.

**Charronnage, Carrosserie et Sellerie,** par Rous, 1 vol. grand in-8°, 52 pages, 6 figures et 6 planches, 1884. — Prix réduit. **2** fr.

*Chaleur.*

**La Chaleur.** Leçons élémentaires sur la thermométrie, la calorimétrie, la thermodynamique et la dissipation de l'énergie, par J. Clerk Maxwell F. R. S., édition française d'après la 8me édition anglaise, par G. Mouret, ingénieur des ponts et chaussées, avec préface de M. A. Potier, membre de l'Institut, in-16, figures dans le texte. — Prix. . . . . . . . . . **6** fr.

*Chauffeurs* (Voir Automobiles, Mécanique et Machines).

**Catéchisme des Chauffeurs et des Machinistes,** traitant de la législation, de la combustion, de l'entretien, de la conduite des machines, mise en marche, description des organes, arrêt, machines spéciales, chaudières, foyers, appareils de sûreté, etc., 6me édition, revue et augmentée d'un appendice, in-16, figures dans le texte.
Prix . . . . . . . . . . **1** fr. **50**

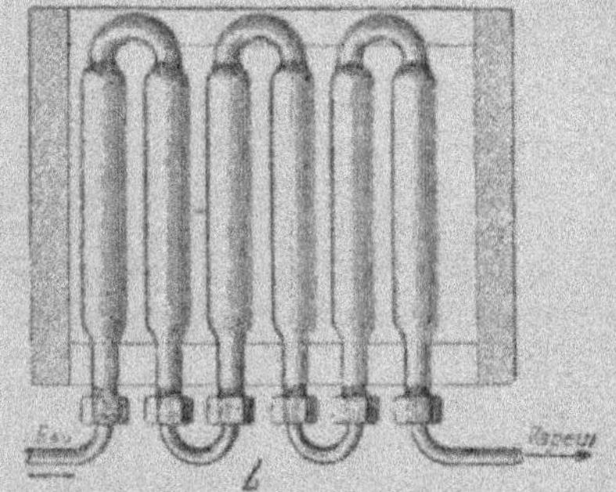

Coupe d'un tube de générateur Serpollet.
Raccord des tubes dans le générateur.

*Chaux et Ciments* (Voir Briques et Tuiles).

**Guide du Chaufournier et du Plâtrier,** du fabricant de ciments, bétons et mortiers hydrauliques, par Émile Lejeune, ingénieur; 3me édition, 1 beau volume in-16, 59 figures dans le texte. — Prix . . . . . . **5** f.

*Chemins de fer.*

**Calcul des Voies.** Partie théorique et Formules, par J. Maridet, chef de section P.-L.-M., in-8°, 1876, — Prix réduit . . . . . . . . . **2** fr. **50**

*Chimie pure et appliquée.*

**Dictionnaire de Chimie industrielle,** contenant toutes les applications de la Chimie à l'Industrie, à la Pharmacie, à la Métallurgie, à l'Agriculture, à la Pyrotechnie et aux Arts et Métiers, avec la traduction russe, anglaise, allemande, espagnole et italienne des principaux termes techniques, par M. A.-M. VILLON, ingénieur-chimiste, professeur de technologie chimique, ancien rédacteur en chef de *la Revue de Chimie industrielle*, et par M. P. GUICHARD, Président de la Société de Pharmacie Membre de la Société chimique de Paris, ancien professeur de Chimie et de Teinture à la Société industrielle d'Amiens; 3 beaux volumes in-4°, 2,300 pages, 1,200 figures. — Prix . . . . . . . . . . . . . . . . . . . . . **75** fr.

On vend séparément : Le tome Ier, **30** fr.; le tome II, **25** fr.; le tome III, **25** fr.

Chaque Fascicule se vend séparément

**1** : *Abaca à Acide azotique* ; 46 figures. . . . . . . . . . . . . . . **3** fr.
**2** : *Acide azotique — Acide phénique* ; 62 figures. . . . . . . . . . **3** —
**3** : *Acide phosphoreux — Acide sulfurique* ; 75 figures . . . . . . **3** —
**4** : *Acide sulfurique — Air* ; 44 figures . . . . . . . . . . . . . . **3** —
**5** : *Air — Alliages* ; 42 figures. . . . . . . . . . . . . . . . . . . **3** —
**6** : *Alliages — Amphibole* ; 54 figures . . . . . . . . . . . . . . . **3** —
**7** : *Amphigène — Auramine* ; 17 figures. . . . . . . . . . . . . . . **3** —
**8** : *Auramine — Bismuth* ; 37 figures . . . . . . . . . . . . . . . . **3** —
**9** : *Bismuth — Broggérite* ; 27 figures. . . . . . . . . . . . . . . **3** —
**10** : *Brome — Caoutchouc* ; 48 figures. . . . . . . . . . . . . . . . **3** —
**11** : *Caoutchouc — Chlore* ; 55 figures. . . . . . . . . . . . . . . **3** —
**12** : *Chlore — Chromates* ; 50 figures. . . . . . . . . . . . . . . . **3** —
**13** : *Chromates — Corps composés* ; 26 figures . . . . . . . . . . . **3** —
**14** : *Corps composés — Dialyseurs* ; 50 figures . . . . . . . . . . **3** —
**15** : *Digestion — Eau* ; 66 figures. . . . . . . . . . . . . . . . . **3** —
**16** : *Eau — Engrais* ; 23 figures . . . . . . . . . . . . . . . . . . **3** —
**17** : *Eponges — Explosifs* ; 36 figures. . . . . . . . . . . . . . . **3** —
**18** : *Farines — Fer, etc.* ; 29 figures. . . . . . . . . . . . . . . . **3** —
**19** : *Fermentation — Fromages, etc.* ; 54 figures. . . . . . . . . . **3** —
**20** : *Gaiac — Gaz d'éclairage* ; 28 figures . . . . . . . . . . . . . **2** —
**21** : *Gaz — Glucose* ; 12 figures . . . . . . . . . . . . . . . . . . **2** —
**22** : *Glucose — Gypse* ; 13 figures. . . . . . . . . . . . . . . . . . **2** —
**23** : *Hallosyte — Hydrotimétrie* ; 14 figures . . . . . . . . . . . . **2** —
**24** : *Hydrotimétrie — Jaune* ; 7 figures . . . . . . . . . . . . . . **2** —
**25** : *Jaune — Lin* ; 15 figures. . . . . . . . . . . . . . . . . . . . **2** —
**26** : *Linoléum — Monazite* ; 15 figures. . . . . . . . . . . . . . . **2** —
**27** : *Mordants — Or* ; 25 figures. . . . . . . . . . . . . . . . . . . **2** —
**28** : *Or — Pain* ; 27 figures. . . . . . . . . . . . . . . . . . . . . **2** —
**29** : *Pain — Pétrole* ; 21 figures. . . . . . . . . . . . . . . . . . **2** —
**30** : *Pétrole — Pommades* ; 5 figures. . . . . . . . . . . . . . . . **2** —
**31** : *Poteries — Sang* . . . . . . . . . . . . . . . . . . . . . . . . **2** —
**32** : *Santal — Soufre* ; 17 figures . . . . . . . . . . . . . . . . . **2** —
**33** : *Soufre — Teinture* ; 39 figures. . . . . . . . . . . . . . . . . **2** —
**34** : *Teinture — Verrerie* ; 37 figures . . . . . . . . . . . . . . . **2** —
**35** : *Verrerie — Zircon* ; 20 figures. . . . . . . . . . . . . . . . . **2** —
**36** : Complément : *Introduction* et *Frontispice*. . . . . . . . . . . **2** —

(Voir ci-contre une page spécimen réduite de l'ouvrage.)

voie la masse dans un appareil à distiller et on chasse l'aldéhyde au moyen d'un courant de vapeur barbotante. Quelquefois, on rectifie encore l'aldéhyde ainsi purifiée.

L'aldéhyde benzoïque commerciale ne subit pas cette rectification, qui entraîne à des pertes sensibles.

*Propriétés.* — L'aldéhyde benzoïque est une huile incolore, très réfringente, possédant une odeur aromatique agréable, rappelant celle des amandes amères et une saveur âcre et brûlante. Elle bout à 180°, sa densité est 1,0504. Elle est soluble dans 30 parties d'eau et miscible, en toutes proportions, avec l'alcool et l'éther.

L'aldéhyde benzoïque est employée en parfumerie et pour la fabrication des couleurs artificielles, comme le vert malachite, le vert brillant, etc.

**ALDÉHYDE FORMIQUE** — [Russe : Муравейный альдегидъ ; Angl : *Formaldehyd* ; Allem. : *Ameisenaldehyd, Formaldehyd* ; Ital. : *Aldeido formico* ; Esp. : *Aldehido formico*]

Syn. : *Formaldehyde, Formol, Méthanal.*

Formule : $CH^2O$.

Ce corps, découvert par Hoffmann, a été plus spécialement étudié par M. Trillat qui a découvert ses propriétés antiseptiques énergiques.

Pour le préparer, M. Trillat dirige un courant de vapeurs d'alcool méthylique, produites dans une chaudière A (fig. ci-dessous), dans un tube en cuivre B, dont l'ouverture G est conique. Ce jet de vapeur, faisant trompe, aspire l'air qui lui est nécessaire pour son oxydation. Le mélange de vapeurs alcooliques et d'air passe sur de l'amiante platinée E, chauffée au rouge. L'oxyde de cuivre, les corps poreux, tels que

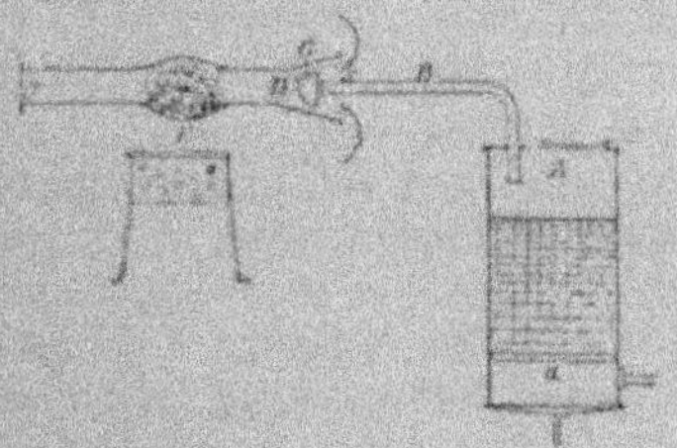

Fabrication de l'aldéhyde formique

le charbon des cornues, la porcelaine, le coke, peuvent remplacer l'amiante platinée. Les vapeurs, qui se dégagent, sont composées d'un mélange d'eau, d'alcool méthylique, de formol et de traces d'acide acétique et formique. On les condense dans de l'eau. On purifie la solution aqueuse en l'évaporant pour chasser l'alcool méthylique et les acides ; on peut s'aider du vide. Pour obtenir le formol tout à fait pur, il faudrait passer par sa combinaison bisulfitique.

Le formol, à l'état de solution à 30 ou 40 0/0, est un liquide incolore, sirupeux, d'une odeur piquante. On ne peut l'obtenir plus concentré ; sans cela, il se changerait en trioxyméthylène, qui se déposerait en poudre amorphe.

Le formol n'est pas très volatil ; on peut concentrer ses solutions au bain-marie. Ses vapeurs ne sont pas inflammables.

C'est un antiseptique puissant, à la dose de 1/12000 ; il conserve le bouillon de veau, pendant plusieurs semaines, tandis que le même bouillon, additionné de 1/6000 de bichlorure de mercure, se décompose en 5 ou 6 jours. À la dose de 1/1000, il tue les microbes salivaires en moins de 2 heures.

La viande immergée, pendant 3 minutes, dans une solution d'aldéhyde formique au 1/500, peut se conserver pendant 5 jours ; avec une immersion de 60 minutes, on peut la conserver pendant 25 jours. Les vapeurs d'aldéhyde formique, dégagées d'une solution à 10 0/0, empêchent la corruption de la viande ; en faisant agir ces vapeurs sous pression, la conservation est encore plus longue.

**ALE** — V. BIÈRE.

**ALEMBROTH** — [Russe : Алемброτова соль ; Angl. : *Alembrot* ; All. *Weissheitssalz* ; Ital. : *Alembroth* ; Esp. : *Alembroth, Sal alembrotti*].

Syn. : *Sel alembroth, Sel de sagesse, Sel de science, Chlorohydrargyrate ammoniacal.*

Formule : $2AzH^4Cl^2, HgCl^2, H^2O$.

Sel obtenu en mêlant deux solutions, l'une de sel ammoniac et l'autre de bichlorure de mercure, dans les proportions indiquées par la formule ci-dessus. Il est employé en médecine à la place du sublimé.

Le sel d'alembroth insoluble s'obtient en ajoutant de l'ammoniaque à la solution du sel double ci-dessus. Le précipité, lavé et séché, porte les noms de *Lait mercuriel, Mercure précipité blanc, Mercure cosmétique.*

**ALDOL.** — [Russe : Альдоль ; Angl. : *Aldol* ; Allem. : *Aldol* ; Ital. : *Aldol* ; Esp. : *Aldol*.]

Formule : $C^4H^8O^2$.

Produit de condensation de l'aldéhyde. On le prépare en mêlant, peu à peu, 100 g. d'aldéhyde avec 100 g. d'eau, en maintenant la température à 0° C. Ensuite, on ajoute, peu à peu, 200 g. d'acide chlorhydrique refroidi et on abandonne le tout à la lumière diffuse, pendant 5 à 15 jours. Le produit brun est étendu d'eau et neutralisé par le carbonate de soude. On sépare une huile qui vient surnager au-dessus du liquide, on filtre celui-ci et on l'agite avec 12 0/0 de son volume d'éther, à cinq reprises différentes. On chasse l'éther par distillation et on distille le résidu sec en s'aidant du vide. Entre 80 et 100°, sous pression de 2 cm. de mercure, on recueille en l'aldol environ 1/4 du poids de l'aldéhyde mise en œuvre.

**Formulaire général de réaction et réactifs chimiques et microscopiques**, comprenant les réactions et réactifs usités en analyse. Papiers réactifs et indicateurs. Procédés microscopiques de coloration simple, double ou triple des coupes ou préparations. Formules de solutions microbiologiques fixantes, clarifiantes, antiseptiques, décalcifiantes, désagrégeantes, etc. Formules de masses d'injection, d'inclusion, de montage, de ciments, pour préparations, etc., etc., par Raoul Roche; un beau vol. in-8° relié, 1906. — Prix. . . . . . . . . . . . . . . **9** fr.

**Revue de Chimie industrielle.** — Revue des produits chimiques, couleurs, teinture, métallurgie, distillerie, pyrotechnie, engrais, comestibles, analyses industrielles, électrochimie, réunie avec *la Revue de Physique et de Chimie et de leurs applications industrielles,* fondée par MM. Schutzenberger et Lauth.—Les années 1890 à 1905 forment 16 beaux volumes in-4°. — Prix de chaque volume. . . . . . . . . . . . **15** fr.

Prix des abonnements (du 1er janvier de chaque année) :

France. . . . . . . . . . . . . . . . . . . . . . . . . . . **12** fr.

Étranger . . . . . . . . . . . . . . . . . . . . . . . . . **15** fr.

Spécimen gratuit à toute personne qui en fait la demande. (Voir page 46.)

**Dictionnaire des Analyses chimiques.** Répertoire alphabétique des analyses de tous les corps naturels et artificiels, depuis l'origine de la chimie jusqu'à nos jours, second tirage augmenté de 400 analyses nouvelles, par Violette et J. Archambault, 2 gros volumes in-8° à deux colonnes, 1860. — Prix réduit . . . . . . . . . . . . . . . . . . **8** fr.

**Nouvelles manipulations chimiques**, simplifiées ou *Laboratoire économique de l'étudiant*, contenant la description d'appareils simples et nouveaux, suivi d'un cours de chimie pratique, à l'aide des instruments, 3me édition, par Henri Violette, 1 volume in-8°, 476 pages, avec 30 tableaux et 227 figures dans le texte, 1860. — Prix. . . . . . . . . . . . . . **5** fr.

**Principes de Chimie,** par Dimitri Mendéléeff, professeur à l'Université de Saint-Pétersbourg (édition française), par MM. Achkinasi et Carrion, avec préface par M. le professeur Armand Gautier, 2 vol. in-16 cartonnés.

Tome I. — L'étude de la chimie. — L'eau et ses combinaisons. — Composition de l'eau et hydrogène. — L'oxygène. — Ozone et peroxyde d'hydrogène. — Loi de Dalton. — Azote et air atmosphérique. — Composés hydrogénés de l'azote. — Molécules et atomes. — 1 vol. in 16, nombreuses figures, 585 pages. — Prix. . . . . . . . . . . . . . . . . **7** fr. **50**

Tome II. — Carbone et hydrocarbures. — Chlorure de sodium. — Les Halogènes : chlore, brome, iode, fluor. — Potassium, rubidium, cesium, lithium. — Capacité calorique des métaux. — Similitude des éléments et Loi périodique. 1 vol. in-16, figures dans le texte, 499 pages. — Prix. **7** fr. **50**

## *Chocolat.*

**Manuel pratique du Chocolatier.** Le Cacaoyer et sa culture. — Examen et choix du cacao. — Aromates. — Fabrication du chocolat.

— Mélange. — Broyage et finissage. — Installation d'une chocolaterie moderne. — Différentes sortes de chocolat. — Moulage et empaquetage. — Falsification. — Par L. de Belfort de La Roque; in-16, nombreuses fig. — Prix. **4 fr. 50**

*Cidre.*

**Cidre, Poiré et Boissons économiques.** Culture du pommier et du poirier. — Fabrication du Cidre et du Poiré. — Maladie du Cidre, Remèdes. — Eaux-de-vie. — Vinaigre. — Conservation des fruits. — Vins de Dattes, Figues, Poires, Pommes tapées. — Vins de fruits frais : Cerises, Prunes, Framboises, Groseilles, etc., 24 fig., par E. Rigaux. **1 fr. 50**

*Combustibles* (Voir Gaz, Houille et Tourbe).

**Étude sur les Combustibles** en général et sur leur emploi au chauffage par les gaz, par M. Lencauchez, ingénieur civil; 1 vol. grand in-8°, 344 pages, 55 fig. dans le texte et un atlas de 31 pl. in-folio. — Prix. **16 fr.**

*Comptabilité.*

**Traité général théorique et pratique de Comptabilité commerciale, Industrielle et administrative**, par G. Oppelt. — Ouvrage adopté pour l'Enseignement. 1 volume in-8° (1876), 367 pages. — Prix réduit. . . . . . . . . . **4 fr.**

*Conserves.*

**Manuel des Conserves alimentaires.** Fruits, Légumes, Poissons, Gibier et Animaux de boucherie, in-16, nombreuses figures, 1902, par R. de Noter. — Prix . . . . . **3 fr.**

*Corderie.*

**Fabrication des Cordes, Câbles, Ficelles et Filins.** Fabrication à la main et fabrication mécanique. — Matières textiles. — Variétés. — Goudronnage. — Cordes en chanvre. — Chanvre de Manille. — Essai des cordages. — Chanvre de corderie. — Défibrage des vieux câbles. — Cordes de fantaisie, etc. — Par Alfred Renouard, manufacturier à Lille; in-8°, 44 figures. — Prix. . . . . . . . **10 fr.**

Spécimen des figures : Autoclave.
Appareil domestique pour la cuisson des conserves
pour restaurants, hôtels, châteaux etc.

*Corps gras.*

**Les Corps gras.** Huiles végétales, non-siccatives, siccatives. — Huiles animales. — Graisses végétales. — Graisses animales. — Suifs. — Cires. — Matières grasses minérales. — Lubrifiants, etc. — Par A.-M. VILLON, ingénieur-chimiste, in-16, figures dans le texte. (2me tirage). — Prix. . 6 fr.

**Le Frottement, le Graissage des Machines et les Lubrifiants,** par R. H. THURSTON, professeur à l'Université de New-York, 2me édition française; 1 vol. in-16, avec figures dans le texte. — Prix. . . . . . . . . . . . . . . . . . . . . . . . . . . . . 4 fr.

*Couleurs* (Voir TEINTURE ET VERNIS).

**Manuel pratique de la Fabrication des Couleurs.** Matières premières employées dans la préparation des couleurs, essences et vernis, par MM. R. LEMOINE et CH. DU MANOIR; 1 beau volume in-8°, 360 pages. — Prix. . . . . . . . . . . . . . . . . . . . . . . 6 fr.

L'ouvrage que nous présentons au public est le plus complet qui ait été fait jusqu'à ce jour; les documents et les matériaux dont nous nous sommes entourés ont été puisés aux sources les plus sûres, nos expériences personnelles nous ont permis d'écarter de la pratique tout ce qui n'offrait pas une garantie suffisante.

Nous avons évité l'emploi des termes scientifiques, ayant moins en vue de faire une œuvre de savant que d'être utile à ceux qui emploient journellement les couleurs.

Nous espérons avoir rendu service à tous ceux qui s'occupent de la couleur, à quelque titre que ce soit, et qu'ils nous sauront gré de la publication de ce travail.

**Notions générales sur les Matières colorantes organiques artificielles,** par Jules MAMY; 1 volume in-16, 72 pages. . . . . . . . . . . . . . . . . . . . . . . . . 1 fr. 50

*Cuirs.*

**Cuirs et peaux.** Tannage; corroyage et mégisserie; production des différents pays; maroquins; cuirs vernis; parchemins, par VILLAIN, grand in-8°, 50 pages, 1886. — Prix réduit. . . . . . . . . . . . . . . . 2 fr.

*Dessin géométrique.*

**Cours de Dessin géométrique,** selon les principes professés et appliqués à l'École centrale, à l'usage des candidats à cette école et aux autres écoles du gouvernement. — Dessin architectural, dessin de machines, lavis, dessin du concours d'admission. — Un atlas de 26 planches demi-raisin, en carton. — Prix. . . . . . . . . . . . . . . . . . . . 10 fr.

## *Distillation. — Alcools. — Liqueurs.*

**Guide pratique du Distillateur. Fabrication des Liqueurs.** Distillation. — Rectification. — Filtrage. — Tranchage. — Générateurs. — Matières sucrées. — Conserves. — Sirops. — Punchs. — Miels et Hydromels. — Fruits à l'eau-de-vie. — Boissons gazeuses. — Liqueurs de ménage, — Par Édouard Robinet (d'Épernay) : 1 fort volume in-16, 424 pages. — Prix. . . . . . . . . . . . . . . . . . . . . . . . 5 fr.

Un Guide du Liquoriste comprenant non seulement la fabrication industrielle des liqueurs, mais encore toutes les recettes connues utilisables par un ménage, manquait dans la série des ouvrages publiés jusqu'à ce jour, c'est cette lacune que nous avons comblée.

**Manuel pratique de la Fabrication des Alcools.**

1re Partie. — Alcools de vin, de cidre, de poiré, de betteraves, de mélasses, etc., par E. Robinet et Canu; in-16, 32 fig , cartonné.—Prix. 3 fr.

2me Partie. — Table d'augmentation et de réduction des degrés alcooliques, par L. Dussert; in-16 cartonné. — Prix. . . . . . . . . . 4 fr. 50

**Distillation.** Traité ou Manuel complet théorique et pratique de la distillation de toutes les matières alcoolisables : grains, pommes de terre, vins, betteraves, mélasses, etc., contenant la description de tous les principaux appareils connus et en usage dans la pratique, par Charles Stammer; 1 vol. grand in-8°, 452 pages, accompagné de 88 fig. dans le texte et de nombreux tableaux. Cartonné toile anglaise, 1880. — Prix . . . . . . . . . 20 fr.

**Fermentation spontanée, sans levure de bière.** Travail de la mélasse de betteraves, par Jules Kuneman; in-8° (1892) — Prix. . . . . . . . . . . . . . . . . . . . . . . . . 2 fr. 50

## *Dynamos* (Voir Électricité).

**Les Machines dynamo-électriques.** De leur origine jusqu'aux derniers types industriels, par P. Clémenceau, ingénieur des Arts et Manufactures. — 1 vol. in-16 avec 116 fig. dans le texte. — Prix. . 5 fr.

Table des matières. — Théorie de l'induction. — De la machine dynamo-électrique. — Historique et machines diverses. — Anneau Gramme et modifications. — Machines dynamo-électriques à courants alternatifs. — Machines magnéto-électriques à courants alternatifs. — Machines à courant continu et induit en forme d'anneau. — Machines dynamo électriques à induit en forme de bobine ou tambour cylindrique. — Machines dynamo-électriques à courants alternatifs. — Machine magnéto-électrique. — Machine à induit en forme de disque. — Notions pratiques relatives aux machines dynamos.

## *Eaux.*

**Manuel pratique d'Analyse micrographique des Eaux,** par P. Fabre-Domergue, directeur du Laboratoire de Zoologie maritime; in-16, 10 fig. — Prix. . . . . . . . . . . . . . . 1 fr. 50

## *École Centrale des Arts et Manufactures.*

(Portefeuille des Travaux de Vacances, voir page 40.)

### *Électricité.*

**Manuel pratique du Monteur-Electricien.** Le Mécanicien-chauffeur-électricien. — Montage et conduite des installations électriques, etc., par J. Laffargue, ingénieur-électricien, attaché au service municipal de contrôle des Sociétés d'électricité de la Ville de Paris. — Petit in-8°, reliure anglaise, 1012 pages, 700 figures et 5 planches en couleurs. — Huitième édition 1905. — Prix. . . . . . . . . . . . . . . . . . . **10 fr.**

Cet ouvrage rendra d'éminents services d'abord aux monteurs et aux chauffeurs, mais aussi aux ingénieurs et aux chefs d'industrie. Aucun ouvrage analogue ne peut lui être comparé. Il y a abondance de livres sur l'électricité, mais, aucun que nous sachions, ne groupe dans un exposé aussi méthodique, aussi clair, autant de renseignements pratiques. C'est là l'originalité de l'ouvrage. L'auteur, comme on dit, met la main à la pâte, et il ne craint pas d'insister sur les menus détails. Avec lui, on ne se contente pas de la théorie, on fait du métier. Sous sa direction, on devient vite expert dans l'art de manier les machines, les distributeurs électriques et leurs accessoires. Au fond il s'agit d'un cours d'électricité industrielle fait par un ingénieur très compétent. M. Laffargue a professé ce cours depuis des années à la fédération professionnelle des chauffeurs de France et d'Algérie; plus que personne, il a compris comment il fallait s'y prendre pour familiariser ses auditeurs avec les petites difficultés d'ordre pratique qui gênent les débutants, aussi a-t-il réussi à écrire un livre que nous ne craignons pas de qualifier de « modèle du genre ».

Ce Manuel est d'ailleurs complet sous sa dernière forme. Production de l'énergie, dynamos à courants continus alternatifs, polyphasés, accumulateurs, transformateurs, appareils de mesure, canalisations, installations publiques et privées, etc.

N'insistons pas davantage. Ce qu'il importe que l'on sache, c'est qu'il existe maintenant un manuel, un vrai guide pratique du monteur, un *vade-mecum* de l'électricien. Ce livre rendra de véritables services à l'industrie.

**L'Électricité industrielle à la portée de tous,** par Cl. Créchet, Ingénieur, Professeur du cours d'électricité de la Ville du Havre. — 1 beau volume in-8°, 325 pages, 224 figures. — Prix. **2 fr. 50**

**Manuel de l'Apprenti et de l'Amateur électricien.** Volume in-16, avec de nombreuses figures dans le texte, par MM. Marie Zéda et de Graffigny.

1re Partie. — *Principes d'électricité, Machines électriques* : Historique. — Courant. — Électrochimie. — Magnétisme. — Électromagnétisme. — Capacité. — Unités de mesure. — Machines magnéto et dynamo électriques. — Courants alternatifs, etc., par R. Marie; in-16, figures 1 à 104. — Prix. . . . . . . . . . . . . . . . . . . . . . . . . . . . . . . 2 fr.

2me Partie. — *Sonneries électriques, Paratonnerres* : Sonneries, Mécanisme. — Les piles. — Installation des sonneries simples, tableaux indicateurs. — Lignes aériennes. — Paratonnerres, etc., par H. Zéda; in-16, figures 105 à 203. — Prix. . . . . . . . . . . . . . . . . . . . 2 fr.

3me Partie. — *Téléphonie pratique*; figures 204 à 300, par H. Zéda. — Prix. . . . . . . . . . . . . . . . . . . . . . . . . . . . . . . 2 fr.

4me Partie. — *Tramways et Chemins de fer électriques*, par R. Marie. — Prix. . . . . . . . . . . . . . . . . . . . . . . . . . . . . . . 2 fr.

5me Partie. — *Éclairage électrique dans les appartements*, par H. de Graffigny. — Prix. . . . . . . . . . . . . . . . . . . . . . . . . 2 fr.

**L'Électricité,** Revue mensuelle des Inventions et des applications de l'Électricité, par H. de Graffigny, Secrétaire de la rédaction. — Chaque numéro in-4° contenant de nombreuses illustrations dans le texte. — Prix . 0 fr. 50

Les abonnements partent du 1er décembre 1905 :

France . . . . . . . . . . . . . . . . 6 fr.
Étranger . . . . . . . . . . . . . . . 7 fr. 50

**Les Lampes électriques.** Régulateurs. — Incandescence par P. d'Urbanitzki. — Deuxième édition française, revue et augmentée, par Georges Fournier, ingénieur-électricien. — Un beau volume in-16 de 250 pages avec 126 figures dans le texte. — Prix. . . . . . . 4 fr 50

**Manuel pratique de l'installation de la Lumière électrique,** par J.-P. Anney, ingénieur-électricien.

1re Partie. — Installations privées. — Troisième édition. — 1 beau volume in-16 de 344 pages, avec 135 figures dans le texte. — Prix. . . . . . 5 fr.

2me Partie. — Stations centrales. — 1 beau volume in-16, avec 99 figures dans le texte et 10 planches dont 8 en couleurs. – Prix . . . . . . 7 fr.

Extrait de la Table des Chapitres.— 1er volume. — *Installations privées*, avec 135 figures dans le texte. — Règles générales d'installation. — Moteurs. — Machines électriques. — Installation des machines et leur entretien. — Accumulateurs. — Lampes à arcs. — Bougies. — Lampes à incandescence. — Appareils de mesure. — Appareils de sécurité et de contrôle. — Interrupteurs et commutateurs. — Régulateurs de courant. — Tableaux de distribution. — Conducteurs. — Installations et canalisations. — Installations particulières.

2me volume. — *Stations centrales*, avec 99 figures dans le texte et 10 planches. — Distributions de courant. — Distributions à haute tension. — Distributions par transformateurs à courants continus. — Distributions par transformateurs à courants alternatifs. — Compteurs. — Etablissement des usines. — Établissement du réseau. — Installations intérieures chez les abonnés.

**L'Électricité dans la Maison moderne,** par Ernest Coustet, ingénieur-électricien. — Production du courant. — Éclairage. — Chauffage. — Moteurs domestiques. — Assainissement. — Sonneries. — Horloges. — Téléphone. — Paratonnerres. — 1 fort volume in-16, avec 185 figures (1900). — Prix cartonné. . . . . . . . . . . . . . . **4 fr. 50**

**Câbles d'Éclairage électrique et Distribution de l'Électricité,** par Stuart A. Russel. — Traduit avec l'autorisation de l'auteur par G. Formentin. — 1 fort volume in-16, avec 107 figures dans le texte. — Prix, reliure toile anglaise. . . . . . . . . . . . . . . **6 fr.**

**Aide-Mémoire de l'Ingénieur-Électricien.** Recueil de tables, formules et renseignements pratiques à l'usage des électriciens, par G. Duché, B. Marinovitch, E. Meylan et G. Szarvady. — Sixième tirage, augmenté par P. Juppont, ingénieur des Arts et Manufactures. — 1 beau volume in-16, nombreuses figures intercalées dans le texte, cartonnage anglais. Prix . . . . . . . . . . . . . . . . . . . . . . . . . . . . . . **6 fr.**

**Catéchisme d'Electricité pratique.** Premières leçons à la portée de tous. — Électricité statique — Magnétisme — Unités et Mesures. — Piles. — Accumulateurs. — Machines dynamo et magnéto électriques. — Lampes et Éclairage. — Téléphonie. — Sonneries. — Par Ernest Saint-Edme, ancien professeur de physique à l'École Turgot. — 1 volume in-16 avec 73 fig., cartonné, deuxième édition. — Prix. . . . . **2 fr. 50.**

Table des Chapitres. — Chapitre I. Généralités sur l'électricité statique. — Chapitre II. Magnétisme. — Chapitre III. Unités et Appareils de mesure. — Chapitre IV. Les Piles électriques. — Chapitre V. Accumulateurs. — Chapitre VI. Les Machines magnéto et dynamo-électriques. — Chapitre VII. L'Éclairage et les Lampes électriques. — Chapitre VIII. Tableaux de distribution; conducteurs; installations de lignes. — Chapitre IX. Téléphonie. — Chapitre X. Sonneries électriques.

**Les Compteurs d'Électricité**, par Ernest Coustet. 1 beau volume in-16 avec 56 figures dans le texte. — Prix. . . . . . . . 2 fr. 50

Compteur horaire Richard.

Dégagé de principes abstraits et de calculs compliqués, cet ouvrage a été rédigé de façon à être accessible à tous. Il pourra être mis utilement entre les mains du monteur chargé de placer les compteurs, de les régler, de les vérifier et de les nettoyer. L'employé qui recueille chaque mois les indications des totalisateurs, en vue du calcul de la dépense, le consultera avec fruit. Enfin, l'abonné lui-même pourra y trouver des notions intéressantes, lui permettant de se rendre compte de la marche du compteur installé chez lui, de reconnaître si les factures qui lui sont présentées correspondent bien aux indications des cadrans et de vérifier si ces dernières sont exactement en rapport avec sa consommation effective.

*Électrolyse* (Voir Galvanoplastie.)

**L'Électrolyse et l'Électro-Métallurgie**, par Edouard Japing, ingénieur-électricien. — Troisième édition française, augmentée d'un appendice sur l'électro-métallurgie à l'exposition de 1900, par L. Guillet, ingénieur-chimiste, 1 volume in-16 illustré de nombreuses figures dans le texte. — Prix . . . . . . . . . . . . . . . . . . . . . . . . . . . . 4 fr.

*Encres et Cirages.*

**Fabrication des Encres et Cirages.** *Encres à écrire, à copier, métalliques, à dessiner, lithographiques. — Cirages, vernis et dégras.* — Encres à écrire. — Matières premières. — Constitution chimique. — Fabrication des encres à l'acide tannique. — Encres à l'acide gallique. — Encres au campêche. — Encres au sesquioxyde de fer. — Encres à l'alizarine. — Encres de matières extractives. — Encres à copier. — Encres hectographiques. — Encres de sûreté. — Extraits d'encres et encres en poudre. — Conservation de l'encre. — Encres de couleur. — Encres métalliques. — Encres solides. — Encres et crayons lithographiques. — Crayons autographiques. — Crayons d'encre. — Crayons de couleur. — Encres à marquer. — Encres spéciales. — Encres sympathiques. — Encres pour timbres et tampons. — Bleu d'azurage du linge. — Fabrication du cirage pour chaussures, des vernis, et de la graisse pour le cuir. — Fabrication du noir d'os. — Fabrication du dégras. — Édition française, par DESMAREST, d'après LEHNER et BRUNNER. — 1 volume in-16 de 345 pages. — Prix. . . . 5 fr.

*Fécule.*

**Fabrication de la Fécule et de l'Amidon**, par J. FRITSCH, chimiste; in-16 avec 112 figures. — Prix. . . . . . . . . . . . . . . 6 fr.

*Filets de pêche.*

**Fabrication et Emploi des Filets de Pêche**, par le commandant VANNETELLE; 1 vol. in-16, 64 figures. — Prix. . . . . . 3 fr.

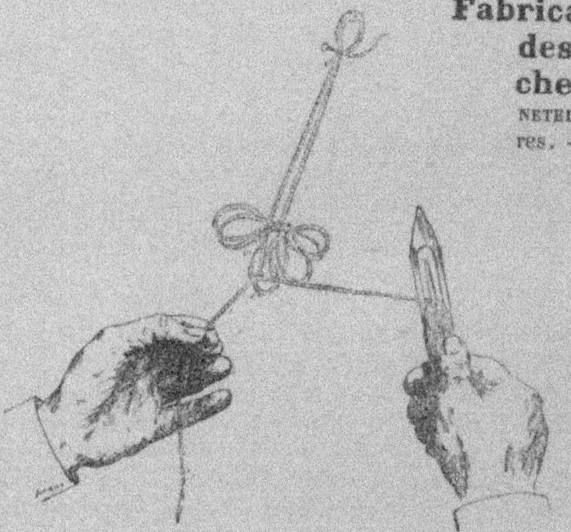

Fabrication des filets de pêche.

*Froid.*

**Solution du froid industriel.** — Description d'une nouvelle machine à produire la glace, par GIFFARD, 1 volume in-8°, avec planches. Prix. . 1 fr. 50

*Galvanoplastie* (Voir ÉLECTROLYSE).

**Manuel de Galvanoplastie.** Dorure, argenture, cuivrage, nickelage, étamage, par Georges BRUNEL; 1 volume in-16, avec 28 figure dans le texte. — Prix . . . . . . . . . . . . . . . . . . . . . 4 fr.

*Galvanoplastie.* — Décomposition électrolytique. — Appareils. — Sources d'électricité. — Piles. — Machines dynamos. — Accumulateurs. — Préparation des surfaces. — Moulage. — Métallisation. — Mise au bain. — Galvanotypie.

*Électrochimie.* — Préparation des surfaces. — Décapages. — Dorure à froid, à chaud. — Dédorage. — Extraction de l'or des vieux bains. — Argenture. — Conduite de l'opération. — Résumé des opérations. — Désargenture. — Extraction de l'argent des vieux bains. — Argenture des miroirs et des glaces. — Cuivrage. — Laitonisage. — Nickelage. — Préparation des pièces. — Conduite de l'opération. — Dénickelage. — Divers métaux. — Zingage. — Ferrage et aciérage. — Platinage. — Aluminiage. — Plombage. — Étamage. — Antimoniage. — Cobaltisage.

*Dépôts métalliques par simple immersion. — Finissage des pièces.— Procédés, Recettes et tours de main.* — Dorure au trempé. — Dorure de l'aluminium. — Argenture au trempé. — Cuivrage au trempé. — Étamage au trempé. — Antimoniage au trempé. — Ors de couleur. — Argent et vieil argent. — Epargnes. — L'anthropoplastie galvanique. — Formules et procédés utiles. — Recettes diverses.

**La Galvanoplastie.** Histoire et procédés. — Dorure. — Argenture. — Nickelage. — Photogravure sur zinc et cuivre à la portée des amateurs, par Paul Laurencin. — 1 volume in-16, 5me édition, cartonné. — Prix. **3** fr.

*Gaz* (Voir Combustibles).

**Études sur divers Gaz combustibles**, par A. Lencauchez, ingénieur civil.

Production des gaz, des gazogènes et des hauts-fourneaux, épuration et emploi par les moteurs à gaz; 116 pages, 4 planches, 10 figures, 1902. — Prix. . . . . . . . . . . . . . . . . . . . . . . . . . . . . **3** fr.

**Traité sur la Production et l'Exploitation de la Lumière au gaz de houille**, par Eugène Shilling, in-4°, 185 gravures et 10 planches. — Prix. . . . . . . . . . . . . . . **15** fr.

**Fours à gaz et à chaleur régénérée**, de M. Siemens, par F. Kranz, ingénieur des Mines, professeur de métallurgie à l'Université de Louvain, in-8°, 6 planches (publié à 10 francs). — Prix. . . . . . **5** fr.

*Géodésie.*

**Manuel pratique de Géodésie**, par G. Dallet, du Service géographique de l'Armée; in-16, figures dans le texte. — Prix. . . **4** fr.

*Goudrons.*

**Étude sur les Goudrons et leurs nombreux Dérivés,** par Knab, ingénieur-chimiste, grand in-8° de 102 pages avec 8 fig. (1884).— Prix. . . . . . . . . . . . . . . . . . . . . . . . . . . . . **3** fr.

*Horlogerie.*

**L'Horlogerie électrique**, par A. TOBLER, professeur à l'École polytechnique de Zurich. Édition française revue et augmentée, par L. DE BELFORT DE LA ROQUE, ingénieur civil. — Un volume in-16, avec 65 figures dans le texte. — Prix . . . . . . . . . . **3 fr.**

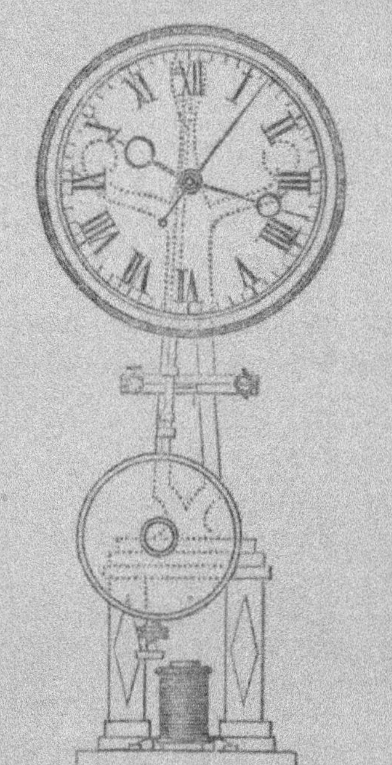

Horloge électrique de Hipp.

TABLE DES MATIÈRES. — Unités de mesures. — Unités fondamentales, système C. G. S. — Unités géométriques. — Unités mécaniques. — Unités électro-magnétiques. — Introduction. — Appareils à cadrans sympathiques et régulateurs. — Horloges de Wheatstone, Bain, Garnier, Stohrer, Fritz, Bréguet, Siemens et Halske, du chemin de fer de Droz, de Houdin-Callaud et Mildé, Gloesener, Hip. Arzberger. — Appareil de contact à mercure de Leclanché et Napoli, et de E. Lias. — Remise à l'heure. — Systèmes de Bréguet, de Collin. — Réglages des horloges à Berlin, à Paris. — Système de Barraud et Lund. — Système de Hipp. — Horloges à pendules électriques de Liais et de Kramer. — Horloge à pendule de Hipp. — Horloge de Schweizer. — Pendules à remontoir électrique. — Pendules à remontoir Mouilleron et Anthoine. — Pendule de Callaud. — Horloge de M. Bréguet. — Pendule électrique à remontoir et à sonnerie, système Japy frères et Cie. — Horloges électriques, système Château. — Horloges à remontage électrique.

*Houille.*

**La Houille.** Épuration, criblage, triage et lavage de la houille, par A. BURAT, ingénieur, professeur à l'École centrale des Arts et Manufactures; in-4° avec 8 planches in-folio (1881). — Prix . . . . . . . . **10 fr.**

**Étude sur le lavage de la houille aux mines de Bessèges,** par J.-C. MARSAULT, in-8°, 56 pag. — Prix réduit **2 fr. 50**

*Hydraulique, Turbines, Lithologie.*

**Hydraulique.** Des divers appareils servant à élever l'eau pour l'alimentation; irrigations; épuisements; utilisation et description des moteurs hydrauliques. Distributions d'eau. Examen des différents appareils de distribution d'eaux; eaux de rivières destinées aux services publics et aux grandes industries; endiguement des torrents; les canaux d'irrigation et d'assainissement, par Chauveau des Roches, Belin, G. Dumont et Vigreux, ingénieurs. 1 volume, 254 pages, 72 figures, 29 planches. — Prix réduit. . . **10** fr.

**Les Fontaines lumineuses à l'Exposition de 1889**, par Delannoy, ingénieur, in-8°, 1889, nombreuses figures — Prix **0** fr. **75**

**La Science des Fontaines**, ou moyen sûr et facile de créer partout des sources d'eau potable, par J. Dumas, 1 volume in-8°, 447 pages et 12 planches gravées sur acier, 1886. — Prix réduit. . . . . . . . **5** fr.

**Cours d'hydraulique et d'hydrostatique**, par Phillips, membre de l'Institut, professé à l'École Centrale. Rédaction de M. Al. Gouilly, ingénieur des Arts et Manufactures, licencié ès-sciences physiques, ès-sciences mathématiques, répétiteur à l'Ecole Centrale. Un volume in-8° avec figures dans le texte. — Prix réduit. . . . . . . . . . . . . . **6** fr.

**Construction des Turbines et des Pompes centrifuges**, par Lucien Vallet, ingénieur-constructeur. — 1 volume in-8° et atlas de 15 planches (1875). — Prix. . . . . . . . . . . . . . . . **15** fr.

**Lithologie du fond des Mers**, publié sous les auspices de MM. les Ministres de la Marine et des Travaux publics, par M. Delesse, ingénieur en chef des Mines, professeur à l'École des Mines. — 1 volume in-8°, 480 pages de texte; 1 volume de 13? pages de tableaux et un atlas de 4 planches in-folio, en couleurs (Publié à 35 francs). — Prix . . **7** fr. **50**

*Ingénieur.*

**Carnet de l'Ingénieur.** Recueil de tables, de formules et de renseignements usuels et pratiques sur l'industrie, chimie, physique, mécanique, machines à vapeur, hydraulique, résistance, frottements, etc., à l'usage des ingénieurs, des constructeurs, des architectes, des chefs d'usines, des mécaniciens, des directeurs et conducteurs de travaux, des agents-voyers, des manufacturiers et des industriels; par une réunion d'ingénieurs et de savants français et étrangers (Carnet Lacroix); 1 volume in-16, cartonné, format de poche, 400 pages petit texte compact, avec nombreuses figures, etc. — 53^me^ tirage. — Prix. . . . . . . . . . . . . . . . . . **4** fr. **50**

*Irrigations.*

**Irrigations du Midi de l'Espagne**, par M. Aymard, ingénieur des Ponts et Chaussées; in-8°, 320 pages et atlas de 16 planches in-fol. — Publié à 30 fr. (1864). — Prix réduit. . . . . . . . . . . . . **18** fr.

Tout le monde sait que des résultats merveilleux ont été obtenus dans le Midi de l'Espagne, contrée autrefois aride et dévastée par les torrents; mais peu de personnes connaissent les travaux qui ont amené ces résultats, et pourraient dire par quelles combinaisons administratives on a pu grouper et réunir en faisceau toutes les volontés qui ont concouru à créer l'état de choses existant et qui concourent à le maintenir et à l'améliorer.

L'ouvrage de M. Aymard est tellement rempli de faits et présente, sur une foule de points, des renseignements si détaillés et si étendus, qu'il est presque impossible de l'analyser. Il donne une description détaillée des travaux à l'aide desquels on a créé les irrigations. L'auteur a aussi consacré un chapitre fort complet à l'alimentation des villes qu'il a visitées.

*Lait.*

**Laiterie, Beurre et Fabrication des Fromages.** Lait. — Analyse. — Conservation. — Écrémage. — Barratage. — Beurre. — Conservations. — Fromages mous, frais, affinés, cuits, etc., par E. RIGAUX, professeur à l'École d'Agriculture de Mende, 320 pag., 73 fig. — Prix. **3** fr.

Écrémeuse centrifuge.

*Laminage* (Voir MÉCANIQUE et MACHINES).

**Manuel pratique de Laminage du Fer.** Principe du laminage. — Influence du diamètre des cylindres. — Influence de la vitesse. — Influence de la nature, de l'état calorique et de la manière dont on présente le fer aux cylindres. — Applications des principes du laminage. — Classement des trains de laminoirs. — Règle du tracé des cannelures. — Classification des trains de laminoirs. — Trains de puddlage. — Gros train n° 1. — Gros train n° 2. — Train cadet. — Train à guides. — Train mixte. — Train machine. — Généralités sur les cylindres. — Classification des cylindres. — Lignes des cannelures. — Entrée des cannelures. — Sortie des cannelures. — Guidage des cylindres. — Levage des cylindres. — Montage des cylindres dans les cages. — Guidage du fer à l'entrée et à la sortie des cylindres. — Tracé des cannelures.

*Acier* : Dégrossisseurs ogives. — Dégrossisseurs carrés. — Mises du puddlage. — Fers plats. — Gros ronds. — Gros carrés. — Feuillards. — Fers en U. — Fers à T doubles-cornières. — Fers à simple T. — Fers à paumelles. — Fers zorès. — Rails. — Fers à bourrelets. — Fers demi-ronds. — Vitrages et demi-vitrages. — Fers à nœuds pour crampons. — Petits carrés aux guides. — Petits ronds droits aux guides.

Par F. Neveu et L. Henry, ingénieurs-métallurgistes ; 1 volume in-16, avec 6 figures et 10 tableaux et atlas de 117 planches in-folio. — Prix. . **40** fr.

## *Mécanique et Machines.*

**Éléments proportionnels de Construction mécanique**, disposés en séries propres à faciliter l'étude et l'exécution des diverses pièces détachées des constructions mécaniques, par D.-A. Casalonga, ingénieur civil, ancien élève des Arts et Métiers ; 1 vol. cartonné, grand in-4°, comprenant un texte et 64 planches. — Prix . . . . . . . . **25** fr.

Le but de cet ouvrage est de permettre de déterminer rapidement par une simple lecture et d'une façon précise, les dimensions des divers détails d'une construction mécanique donnée.

Il se compose d'un texte et de planches comprenant les figures des pièces étudiées et divers tableaux donnant toutes les dimensions des séries les plus employées.

Cet ouvrage contient 2,405 séries et 37,734 dimensions diverses.

Les dessinateurs-mécaniciens, les chefs de travaux ou de bureaux de dessin, les ingénieurs pour la construction, trouveront un aide efficace et un contrôle sûr dans la possession de ces documents, où ils puiseront les détails des projets dont ils auront déterminé les conditions principales.

**Catéchisme des Chauffeurs et des Machinistes.** Législation. — Combustion. — Conduite. — Entretien. — Mise en marche. — Organes, etc., 5me édition revue et augmentée, in-16, figures dans le texte. Prix, cartonné. . . . . . . . . . . . . . . . . . . . . . . **1 fr. 50**

**Des Régulateurs appliqués aux Machines à vapeur** par V. Lebeau, in-8°, 19 figures (1890). — Prix . . . . . . . . . . . **2** fr.

**Incrustation des chaudières à vapeur** et divers moyens de la combattre, par A. Brull et A. Langlois, in-8°, 104 pages, 5 planches, 1870. — Prix réduit . . . . . . . . . . . . . . . . . . . . . **2** fr.

**Construction, conduite et entretien des machines à vapeur.** Machines fixes, demi-fixes, locomotives, locomobiles et machines marines. Aide-mémoire du mécanicien-constructeur, du chauffeur et du propriétaire de machines à vapeur, par Gaudry, ingénieur civil et Ortolan, mécanicien en chef de la flotte, 1 volume grand in-8°, 250 pages, avec 49 figures et atlas de 36 planches, 1878. Publié à 25 francs. Prix réduit à . . . . . . . . . . . . . . . . . . . . . . . . **7 fr. 50**

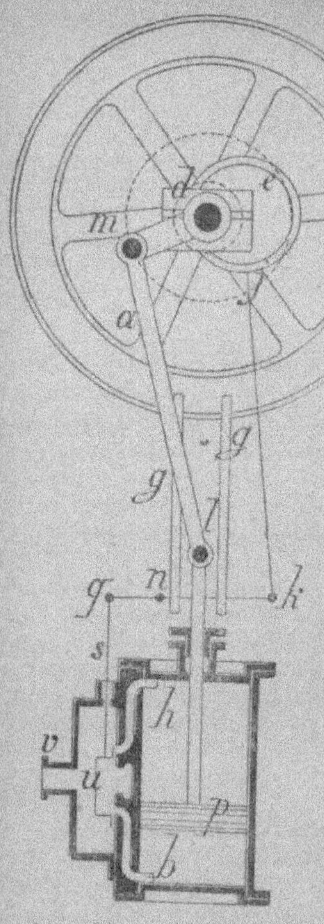


Schéma d'un moteur à vapeur vertical.

**Manuel de l'Ouvrier Mécanicien.** 8 vol. in-16 avec nombreuses figures dans le texte, par M. Georges FRANCHE, ingénieur-mécanicien (Arts et Métiers, E. C. P).

1<sup>re</sup> PARTIE. — *Principes de Mécanique générale :* Statique, Cinématique, Dynamique, Théorie de la chaleur. — In-16 cartonné, figures 1 à 95. — Prix. . . . . . . . . . . . **2 fr.**

2<sup>me</sup> PARTIE — *Outils, Machines-Outils :* Travail du bois. — Travail des métaux. — In-16 cartonné, figures 96 à 174. — Prix. . . . . . . . . . **2 fr.**

3<sup>me</sup> PARTIE. — *Forge et Fonderies :* Travail du fer. — Travail du cuivre. — In-16 cartonné, figures 175 à 317 . . . — Prix. **2 fr.**

4<sup>me</sup> PARTIE. — *Engrenages et Transmissions :* Engrenages cylindriques, coniques, hélicoïdaux. — Transmissions fixes. — Arbres. — Poulies. — Flexibles. — In-16, cartonné, figures 318 à 406. — Prix . . . . . . . . . . **2 fr.**

5<sup>me</sup> PARTIE. — *Boulons, Rivets, Chaudronnerie :* Assemblage. — Filetage et taraudage. — Chaudronnerie de fer. — Chaudronnerie de cuivre. — Chaudières. — In-16 cartonné, figures 407 à 573. — Prix. . . . . . . . . . **2 fr.**

6<sup>me</sup> PARTIE. — *Machines à vapeur :* Principes. — Fonctionnement. — Machines à vapeur. — Turbo-Moteurs. — Conduite. — Graissage. — Régulateurs. — Précautions générales. — Figures 574 à 700. — Prix. . . . . . . . **2 fr.**

7<sup>me</sup> PARTIE. — *Moteurs fixes à gaz et à pétrole :* Historique. — Théorie. — Moteurs divers à pétrole. — Moteurs à gaz pauvres. — Moteurs spéciaux. — Moteurs à combustibles quelconques. — Figures 701 à 801. — Prix. . . . . . . . . . **2 fr.**

8<sup>me</sup> PARTIE. — *Moteurs hydrauliques, Roues, Turbines, Pompes :* Théorie et généralités. — Roues hydrauliques. — Tracés. — Roues diverses. — Turbines, Dispositions générales, Turbines diverses. — Pompes à pistons, centrifuges. — Figures 802 à 872. — Prix. . . . . . . . . . . . . . . **2 fr.**

Les 8 volumes réunis, cartonnage toile anglaise. — Prix . . . . **15 fr.**

**Traité pratique de filetage,** à l'usage de tous les mécaniciens, par J. CADY, 9<sup>me</sup> édition, 1903. — Prix . . . . . . . . . . . . . **2 fr. 25**

**Méthodes de calculs** applicables aux diagrammes des machines à vapeur, avec tables de densités et de volumes de la vapeur sous différentes pressions, par Queruel (A.), ingénieur civil, 1 volume in-8°, 1881.— Prix **2** fr.

**Études expérimentales sur l'effet utile dans le martelage,** par E. Deny, ingénieur aux Forges de Monterhausen, ancien élève de l'École de Châlons. 1 volume in-8° avec nombreuses figures et planches, 1875. — Prix . . . . . . . . . . . . . . . . . . . . **2** fr.

**Cours de Chaudières et de Machines à vapeur.** Théorie et pratique, par L. Poillon, ingénieur-mécanicien (1877) avec supplément (1879), 2 beaux volumes in-8°, 687 pages et 14 planches. — Publié à **30** fr. — Réduit à . . . . . . . . . . . . . . . . . . . . **7** fr. **50**

**Cours de mécanique appliquée à la résistance des matériaux.** Leçons professées à l'École Centrale par M. de Mastaing, et rédigées par M. Courtès-Lapeyrat, ingénieur des Arts et Manufactures, répétiteur du cours. Cet ouvrage contient les principaux cas qui peuvent se présenter dans le calcul des pièces soumises aux différents genres de résistance : extension, compression, torsion et flexion. Grand in-8° avec nombreuses figures, 1874. — Prix réduit. . . . . . . . . . . . . **7** fr. **50**

**Transmission du mouvement par câbles télédynamiques,** par Vigreux, in-8° broché. — Prix. . . . . . . **2** fr.

**Étude sur la Production de la Vapeur,** par A. Lencauchez, ingénieur civil, in-8°, 1904. — Prix . . . . . . . . . . . . . . . . . **3** fr.

*Mines. — Minéralogie. — Marbre.*

**Manuel pratique du Prospecteur.** — Guide du prospecteur et du voyageur pour la recherche des métaux et des minéraux précieux, par J.-W. Anderson. — Édition française, d'après la huitième édition anglaise, par J. Rosset, ingénieur civil des Mines. — In-16, 73 figures dans le texte (1901). Prix : cartonné toile, **5** fr. ; broché. . . . . . . . **4** fr. **50**

**Cours de Minéralogie professé à l'École Centrale,** par de Selle, professeur à l'École Centrale. — Minéralogie : phénomènes actuels. Les dix-huit premiers chapitres traitent des phénomènes qui ont bouleversé notre globe ; les chapitres suivants traitent de la minéralogie et donnent la description de toutes les espèces et variétés minérales considérées comme indiscutables et classées par familles ; 1 fort volume de 585 pages in-8° et 1 atlas de 147 planches comprenant 978 figures et 27 tableaux. (Publié à 25 fr.). — Prix. . . . . . . . . . . . . **7** fr. **50**

**Étude pratique sur l'industrie des Marbres en France,** par Tournier, in-8° broché, 60 pages. — Prix. . . . **3** fr.

*Musique.*

**La Musique.** Fabrication des instruments; acoustique; fabrication des instruments à vent, à cordes, à percussion; orgues, pianos, etc. Application de l'Électricité aux instruments musicaux, par BOUDOIN et HERVÉ, 1 vol. grand in-8°, 147 pages, 64 fig. dans le texte et 2 planches, 1886. — Prix **2** fr.

*Navigation.*

**Navigation de plaisance.** Construction et manœuvre des embarcations à rames, à voiles, des yachts à vapeur, par Lucien MORE et MÉO, 1 volume grand in-8°, 92 pages, 18 figures, 1 planche. — Prix. . . **2** fr.

**La Navigation Sous-Marine.** Bateaux sous-marins historiques.— Bateaux sous-marins actuels; par A.-M. VILLON. — 1 vol. in-16, 11 figures. — Prix . . . . . . . . . . . . . . . . . . . . . . . . . . . . **1** fr. **50**

*Or.*

**L'Or. Gîtes aurifères. Extraction de l'Or.** Traitement du minerai. — Emplois et analyse de l'or. —Vocabulaire des termes aurifères. — Par H. DE LA COUX, ingénieur-chimiste; 1 beau volume in-16, nombreuses figures dans le texte. — Prix. . . . . . . . . . . . . . . . . . . . **5** fr.

Recherche de l'or à la batée.

*Ozone.*

**Les emplois industriels, médicaux et hygiéniques de l'oxygène, de l'ozone et de l'acide carbonique,** par A. M. VILLON, ingénieur-chimiste, 1892. — Prix. . . **1** fr.

*Parfumerie.*

**Manuel du Parfumeur.** Odeurs, essences, extraits et vinaigres de toilette, poudres, sachets, pastilles, émulsions, pommades, dentifrices; par W. ASKINSON; 2me édition française, par G. CALMELS. — Histoire de la parfumerie. — Matières odorantes en général. — Matières odorantes extraites du règne végétal. — Matières animales. — Produits chimiques. — Préparation des matières odorantes. — Des falsifications des huiles essentielles. — Essences et extraits. — Parfumerie proprement dite. — Parfums de mouchoirs. — Parfums ammoniacaux. — Des parfums secs. — Pastilles fumigatoires. — Parfumerie cosmétique et hygiénique. — Préparation des émulsions, des poudres, des pâtes, du lait végétal et des crèmes. — Des préparations employées pour l'hygiène des cheveux et de la bouche. — Parfumerie cosmétique. — Fards et produits servant à embellir la peau. — Préparation pour colorer les cheveux et préparations épilatoires. — Cires, bandolines et brillantines. — Des couleurs employées en parfumerie. — 1 fort volume in-16 avec 30 figures dans le texte. — Prix . . . . . . . . . . . . . . . 6 fr.

*Pétrole.*

**Mémoire sur les huiles de pétrole,** par Albert GRAND, 1 volume in-8°, 124 pages et 2 planches (1870). — Prix réduit. 2 fr. 50

*Phonographe.*

**Le Phonographe et ses applications,** par A.-M. VILLON, ingénieur. — 1 volume in-16, avec 36 figures dans le texte. — Prix. 2 fr.

*Photographie.*

**Photographie. Encyclopédie de l'Amateur-Photographe,** par MM. G. BRUNEL, P. CHAUX, E. FORESTIER et A. REYNER; 10 volumes in-16, près de 500 figures dans le texte. — Prix (les 10 volumes dans un élégant étui) . . . . 20 fr.

On vend séparément chaque volume. . . . . . . . . . . 2 fr.

Voici les titres des volumes et l'analyse des matières que chacun renferme. On pourra ainsi juger du plan adopté pour cette *encyclopédie* appelée, croyons-nous, à rendre les plus grands services, aussi bien aux débutants qu'aux amateurs exercés.

N° 1. — **Choix du matériel et installation du laboratoire.** — Ce que c'est que la photographie. — Théorie abrégée. — Formation des images. — Image latente. — Corps sensibles, leur révélation.

— Termes photographiques. — Différents appareils. — Les diaphragmes, les obturateurs. — Le laboratoire élémentaire ou complet, comment on l'installe. — Les accessoires. — Les produits, leur conservation. — Conditions hygiéniques du laboratoire, par G. Brunel et E. Forestier. — Prix. . . . . . . . . . . 2 fr.

N° 2. — **Le sujet. — Mise au point. — Temps de pose.** — Classement des opérations. — Choix du sujet. — Son éclairage. — Station et mise au point. — Le temps de pose. — Composition des vues, par G. Brunel. — Prix. . 2 fr.

N° 3. — **Les clichés négatifs.** — Les plaques sensibles. — Les pellicules. — Mise en châssis. — Le développement. — Les révélateurs, leur action. — Choix de révélateurs. — Formules simples et précises. — Les révélateurs à un bain, à deux bains. — Les révélateurs automatiques. — Fixage. — Lavage. — Alunage. — Séchage. — Vernissage. — Conservation des négatifs. — Répertoire des clichés. — Par G. Brunel et E. Forestier. — Prix . . . . . . . . . . . . . . . 2 fr.

N° 4. — **Les épreuves positives.** — Les épreuves positives. — La préparation du papier sensible. — Différents papiers fournis par l'industrie. — Différents bains. — Les viro-fixateurs. — Virage, fixage. — Lavage, séchage. — Finissage. — Collage, montage, satinage. — Préparation d'un album. — Par G. Brunel. — Prix. 2 fr.

N° 5. — **Les insuccès et la retouche.** — Mauvais négatifs, mauvais positifs; causes, discussions, recherches. — Moyens d'éviter les insuccès. — Remèdes. — Bains compensateurs. — La retouche des clichés et des photocopies. — Par G. Brunel. — Prix. . . . . . . . . . . . . . . . . . . . . . . 2 fr.

N° 6. — **La photographie en plein air.** — Appareils spéciaux. — Détectives et jumelles. — La photographie instantanée. — Les sujets, conditions qu'ils doivent remplir. — La pose. — Les opérations de laboratoire. — La photographie scientifique, topographique, ethnographique, beaux-arts, par G. Brunel et P. Chaux. — Prix . . . . . . . . . . . . . . . . . . . . . . . . . . . . . . 2 fr.

N° 7. — **Le portrait dans les appartements.** — Disposition et éclairage. — Les objectifs. — La mise au point. — Les écrans. — La pose et le maintien du modèle. — Différents procédés. — Conduite des opérations, par A. Reyner. — Prix . . . . . . . . . . . . . . . . . . . . . . . . . . . . . . 2 fr.

N° 8. — **Les agrandissements et les projections.** — Les agrandissements et les réductions. — Les projections. — Les positifs sur verre. — Epreuves sur opale. — Epreuves artistiques, par G. Brunel. — Prix. . . . . . . . . 2 fr.

N° 9. — **Les objectifs et la stéréoscopie.** — Quelques notions d'optique. — L'objectif photographique. — Différentes formes. — Classement. — Défauts, qualités. — Choix des objectifs. — Essai des objectifs. — Détermination et comparaison de la valeur des objectifs. — La photographie stéréoscopique, par G. Brunel. — Prix. . . . . . . . . . . . . . . . . . . . . . . . . 2 fr.

N° 10. — **La photographie en couleurs.** — Positifs colorés sur verre et sur papier, monochromes et polychromes. — Les différents tons pouvant être obtenus à l'aide du bain de virage. — La photographie des couleurs. — La photominiature et la photopeinture, par G. Brunel. — Prix . . . . . . . . . . . . 2 fr.

**Guide du Photographe et de l'Amateur Photographe,** par Paul Fabre-Domergue, 1 volume in-16, 128 pages, 48 figures, couverture ornée d'une épreuve instantanée. — Prix. . . . . . . . 3 fr.

*Physique.*

**Température et Énergies.** Essai sur une équation de dimensions de la température, ses conséquences thermiques, ses corrélations avec les autres formes de l'énergie, par P. Juppont, 1 volume in-16, 97 pages, 1899. — Prix. . . . . . . . . . . . . . . . . . . . . . . . . . . **2 fr. 50**

*Piles* (Voir Accumulateurs-Électrolyse).

**Les Piles électriques et les Piles thermo-électriques**, par W. Hauck. — Troisième édition française, par G. Fournier, ingénieur-électricien. — 1 fort volume in-16, orné de 71 fig. dans le texte. — Prix . . . . . . . . . . . . . . . . . . . . . **4 fr. 50**

**Traité des Piles électriques.** Piles Hydro-Thermo et Pyro-Électriques, par Donato Tommasi, docteur ès-sciences, in-16, 139 figures (publié à 12 fr. 50). — Prix. . . . . . . . . . . . . . . . . . . . . . **7 fr. 50**

*Ponts.*

**Recueil pratique des moments d'inertie,** à l'usage des ingénieurs et des constructeurs ayant à calculer ou à vérifier les conditions de résistance de tabliers métalliques, suivi de courbes graphiques représentant par mètre superficiel et suivant les portées, le poids moyen des différents tabliers métalliques établis sur les lignes du Nord, par H. Forest, ingénieur civil, chef du bureau des études du matériel des voies et des ouvrages métalliques au chemin de fer du Nord, ancien élève et répétiteur du cours de travaux publics à l'École Centrale des Arts et Manufactures. 1 volume in-8°, 1877. — Prix. . . . . . . . . . . . . . . . . . . . . . **4 fr.**

**Ponts de Courbevoie et de la Grande-Jatte,** sur la Seine, en prolongement des boulevards Malesherbes et Bineau, projetés et exécutés par A. Legrand, ingénieur Civil. L'ouvrage contient un exposé des conditions statiques d'une travée métallique en arcs surbaissés en fer et en fonte. Un atlas demi-raisin contenant le texte et 9 planches, 1878. Publié à 15 francs. Prix réduit. . . . . . . . . . . . . . . . . . . **7 fr. 50**

**Traité de construction de ponts.** Les poutres droites considérées au point de vue des forces extérieures, par D.-E. Winckler, traduit de l'allemand par M. Ch. d'Espine, ingénieur, ancien élève de l'Ecole polytechnique de Zurich, grand in-8°, 252 pages, 123 figures dans le texte et 7 planches. — Prix. . . . . . . . . . . . . . . . . . . . . . . . **8 fr.**

*Radiographie.*

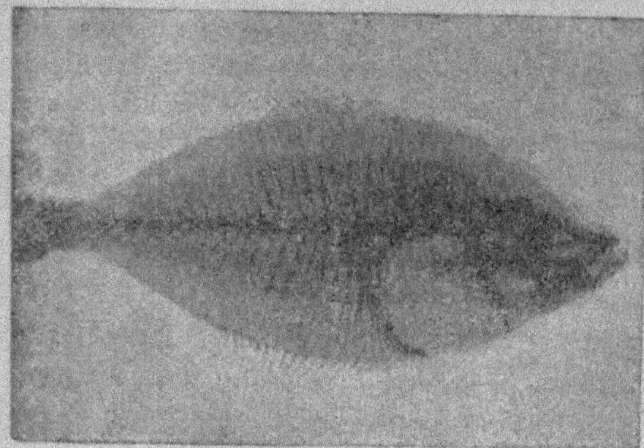

Poisson radiographié.

**Le Radium.** La Radioactivité — Rayons Becquerel.—Le Radium. — Propriétés physiques, physiologiques et chimiques.—Origine du rayonnement, etc., in-8° avec figures, par JEAN ESCARD. — Prix. . . . . **3** fr.

**Manuel pratique de Radiographie.** Pratique des rayons X, par G. BRUNEL. — 1 vol. in-16, 56 fig., 3me édit.—Prix. **1** fr. **50**

*Savons* (Voir BOUGIES).

**Manuel pratique du Savonnier.** *Savons communs, savons de toilette, mousseux, transparents, médicinaux, pâtes et émulsions, analyse des savons*, par MM. CALMELS et WILTNER, chimistes. — Un volume in-16, 26 figures. — Prix . . . . . . . . . . . . . . . . . . . . . . . . . **4** fr.

Machine à mouler les savons.

EXTRAIT DE LA TABLE DES CHAPITRES : Historique des savons. — Réaction fondamentale de la saponification. — Des matières employées pour la fabrication des savons. — Préparation des lessives alcalines. — Fabrication du savon. — De la saponification en général. — Classification des savons. — Fabrication des diverses sortes de savons. — Savons médicinaux. — Moulage des savons. — Tableaux de cuisson. — Fabrication des savons par la vapeur. — Fabrication des savons de toilette. — Préparation de la masse destinée à la fabrication des savons de toilette. — Description des machines employées pour la fabrication des savons de toilette. — Couleurs et substances colorantes. — Recettes pour la préparation des savons de toilette. — Analyse des savons.

*Scieries* (Voir Bois).

**Instruction pratique sur les scieries.** Contenant : l'étude et les valeurs de la résistance des matériaux à l'action de l'outil; des considérations théoriques; des résultats d'expériences et des règles pratiques pour la détermination des proportions et des vitesses des différentes parties des mécanismes, par P. Boileau, 2me édition, 1 volume in-8°, 108 pages et 4 planches in-folio. — Prix . . . . . . . . . . . . . . . . . . . . 5 fr.

*Soie.*

**La Soie artificielle.** Cellulose. — Soie à base d'alcool, d'acide acétique, d'hydrate de cuivre, de chlorure de zinc, de viscose. — Procédés divers. — Conclusion, par P. Willems, ingénieur des Arts et Manufactures, in-8° avec échantillon. — Prix. . . . . . . . . . . . . . . . . . . . . . . . 4 fr.

**Manuel pratique de la Soie.** Education des vers. — Filage des cocons. — Cuite. — Assouplissage. — Blanchiment. — Filature des déchets. — Moulinage. — Conditionnement des soies. — Teinture et dorure de la soie. — Par A. Villon, ingénieur à Lyon; 1 fort volume in-16, nombreuses figures dans le texte. — Prix. . . . . . . . . . . . . . . . . . . 6 fr.

**Vaucanson, industrie de la soie.** Études séritechniques par Hedde, in-8°, 25 figures, 1876. — Prix . . . . . . . . . . . . . . . 2 fr.

*Sondages* (Voir Mines).

**Manuel pratique de Sondages.** Études et recherches souterraines par sondages à de faibles profondeurs, par Ed. Lippmann, ingénieur civil. — 1 vol. in-16, avec 5 planches (1901). Prix, cartonné . . . . 4 fr. 50

*Sonneries Electriques* (Voir Électricité).

**Les Sonneries électriques.** Installation et entretien, par Georges Fournier, ingénieur-électricien, d'après O. Cantor. — Quatrième édition. — 1 volume in-16, avec 59 figures dans le texte. — Prix . . . . . 2 fr. 50

Extrait de la Table des Matières. — Préface. — Unités électriques. — Introduction. — Les sonneries électriques employées aux usages domestiques. — Les appareils avertisseurs automatiques. — Installation et pose des circuits et appareils. Règles à observer. — Exemple de pose et d'installation. — Calcul des intensités de courant nécessité dans la pratique. Exemples. — Les sonneries électromagnétiques.

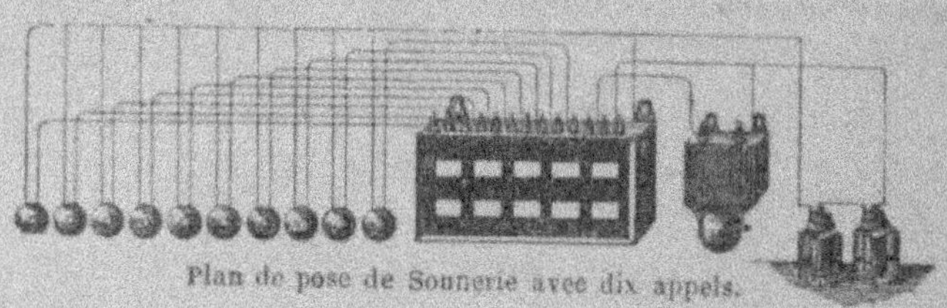
Plan de pose de Sonnerie avec dix appels.

**Album de 32 plans de pose de sonneries électriques,** par S. DENIS, fils aîné, constructeur-mécanicien. — Troisième tirage, in-12 oblong. — Prix. . . . . . . . . . . . . . . . . . . 1 fr.

*Sténographie.*

**Sténographie.** Art d'écrire aussi vite que la parole, par V. GAILLARD, in-8°. — Prix . . . . . . . . . . . . . . . . . . . . . . . 0 fr. 50

**Sténographie usuelle,** ou écriture phonétique complète et rapide de tous les sons et articulations de la langue française, par LOUIS D'HENRY, in-8°. — Prix . . . . . . . . . . . . . . . . . . . . . . . 1 fr. 50

*Sucre.*

**Annuaire de la Betterave.** Liste des Sucreries, Raffineries et Distilleries de France, Belgique, Hollande et des Colonies françaises. Notes et renseignements, par G. HUART, 1906. — Prix. . . . . . . . . . 4 fr.

**Manuel du Fabricant de Sucre.** Sucre de betteraves, de cannes; par P. BOULIN, chimiste-industriel; 1 beau volume in-16, 30 figures dans le texte. — Prix. . . . . . . . . . . . . . . . . . . . . 6 fr.

**Fabrication du Sucre** (Traité complet théorique et pratique de la). — Guide du fabricant, par le Dr Charles STAMMER; 1 volume gr. in-8°, 718 pages avec 165 figures, nombreux tableaux dans le texte et 3 planches. Cartonné. (1875). — Prix. . . . . . . . . . . . . . . . . . . . 20 fr.

**Manuel pratique de Diffusion.** Historique. — Théorie. — Diffusion. — Contrôle. — Rendements. — Devis. — Installation, par ÉLIE FLEURY et ERNEST LEMAIRE, in-8° (1880). — Prix réduit. . . . 3 fr.

*Tabac.*

**Tabac.** Description historique, botanique et chimique. — Climat. — Culture. — Frais. — Produits. — Mode de dessiccation. — Séchoirs. — Conservation. — Commerce; par V.-P.-G. Demoor. — In-18, 130 pag., 20 fig. — Prix. 2 fr.

*Teinture. — Blanchiment.*

**Manuel pratique du Teinturier.** — Matières colorantes, par J. Hummel, directeur du Collège de Teinture de Leeds. Edition française, par M. F. Dommer, professeur à l'École de physique et de chimie industrielles. — 1 fort vol. in-16, 80 figures dans le texte.

Prix. 7 fr. 50

Le Traité de la Teinture des Tissus, du professeur Hummel, est le livre classique des teinturiers anglais.

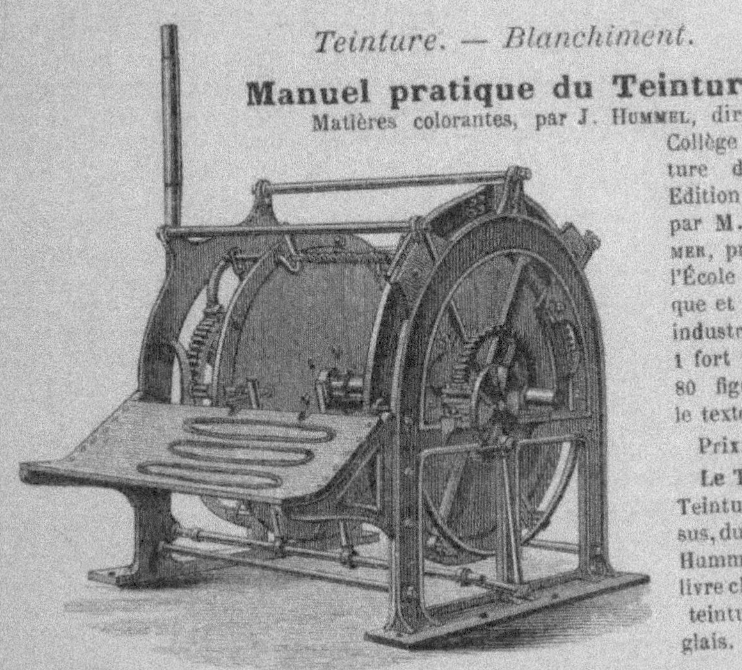

Machine pour exprimer le fil à teindre en rouge turc.

Nous avons pensé qu'il ne serait pas sans intérêt, pour les teinturiers français, de connaître cet ouvrage, où le praticien trouvera, à côté de la théorie, la pratique raisonnée des opérations de teinture, en même temps qu'une étude complète des matières colorantes, considérées au point de vue de leurs applications.

**Traité de la teinture des tissus et de l'impression du calicot**, comprenant les derniers perfectionnements apportés dans la préparation et l'emploi des couleurs d'aniline. Ouvrage illustré de gravures sur bois et de nombreux échantillons d'étoffes, par le Dr Calvert, 1 volume in-8°, 500 pages, cartonné toile. — Prix réduit . . . . . . . . . . 15 fr.

**Impression et teinture des tissus**, blanchissage, blanchiment, par J. Depierre, ingénieur. 1 volume grand in-8°, 124 figures et 17 planches dont une d'échantillon, 1889. — Prix. . . . . . . . . . . 5 fr.

**Blanchiment, Blanchissage,** apprêts, impression et teinture des tissus, par M.-P. KÆPPELIN, manufacturier, 1 vol. grand in-8°, de 164 pages, avec 52 fig. et 11 planches. — Prix . . . . . . . . . . . . . . . . 5 fr.

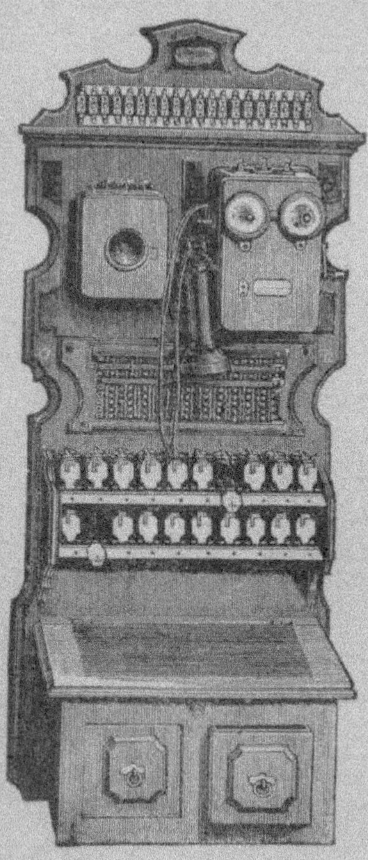

Spécimen des figures de la *Téléphonie Industrielle*.

*Télégraphie.*

**Traité de Télégraphie électrique.** Cours théorique et pratique à l'usage des fonctionnaires de l'Administration des Lignes télégraphiques, des ingénieurs, constructeurs, inventeurs, employés des Chemins de fer, etc, etc, par E.-E. BLAVIER, inspecteur des Lignes télégraphiques. — 2 beaux volumes in-8° de 952 pages, avec 413 figures dans le texte (1867). (Publié à 20 fr.). — Prix. . . . . . . . . . . 10 fr.

*Téléphonie.* (Voir ÉLECTRICITÉ).

**Manuel pratique du Téléphone.** 1re partie. — Installations privées. — Téléphone. — Microphone et Radiophone, par Théodore SCHWARTZE. — Troisième édition française, par S. FOURNIER et D. TOMMASI. — 1 volume in-16, avec 153 figures dans le texte. — Prix. . . . . 4 fr.

2me partie. — Traité de téléphonie. — Installations industrielles à grande distance, par le Dr V. WIETLISBACH. — 1 volume in-16, avec 123 figures dans le texte. — Prix . . . . . . . 4 fr.

*Tourbe.*

**La Tourbe.** Son extraction et son emploi comme combustible industriel, guide pratique de la fabrication des briquettes de tourbe et pour leur utilisation générale en métallurgie, en verrerie, en cristallerie et pour le chauffage au gaz, par M. LENCAUCHEZ. — 1 volume grand in-8°, avec atlas in-4° de 17 planches doubles. — Prix . . . . . . . . . . . . 7 fr. 50

*Transport de la force.*

**Le Transport de la force par l'Électricité,** par Ed. JAPING, ingénieur-électricien. — Troisième édition française. — Annotée et augmentée de la description des plus récentes applications du Transport de la force, par M. Marcel Deprez, membre de l'Institut. — 1 volume in-16, avec 49 figures dans le texte. — Prix . . . . . . . . . . . . . . . 5 fr.

Extrait de la Table. — Introduction du transport de la force en général et en particulier du transport de la force par l'électricité. — Forces naturelles propres à être transmises par l'électricité. — Machines électriques pour la production du courant électro-moteur. — Théorie de la transformation du courant en travail. — Considérations théoriques concernant le rapport de la force à de grandes distances. — Emploi des machines électriques. — Les conducteurs électriques. — La propagation et la distribution du courant électrique. — Distribution du courant électrique. — Transformateurs et accumulateurs. — Procédé pour diminuer les pertes d'énergie. — Applications industrielles. — Rendement économique du Transport de la force par l'électricité. — Appendice. Nouvelles expériences du transport de la force.

*Tissage. — Laine. — Industries textiles.*

**Self-Acting.** Métier à filer automate de Parr-Curtiss, par Parr-Curtiss, traduit et annoté par Paul Dupont, professeur à l'Ecole de Tissage de Mulhouse, 1 volume grand in-8° avec 4 planches coloriées, 1880. — Prix **3 fr. 50**

**Fabrication des tulles et dentelles,** par Thomas, grand in 8° et figures, 1886. — Prix . . . . . . . . . . . . . . . **1 fr. 25**

**Études sur la fabrication des tissus.** Généralités. — Filature. — Tissage, par E. Parant, fabricant de tissus, in-8°, 248 pages, 25 figures, 14 planches, 1882. Publié à 10 francs. — Prix. . . . . **3 fr.**

**Travail des Laines cardées.** Cardage et filage, par A. Lohrisch, édition française, par H. Danzer, ingénieur; in-8°, 86 pages et 52 figures. Prix. . . . . . . . . . . . . . . . . . . . . . . . . . . **3 fr.**

*Vernis* (Voir Couleurs).

**Manuel pratique du Fabricant de Vernis.** Gommes. — Huiles. — Térébenthines. — Huiles siccatives. — Vernis gras. — Vernis à l'essence. — Vernis à l'alcool, par E. Coffignier, 1 fort volume in-16, avec figures. — Prix . . . . . . . . . . . . . . . . . . . . . **5 fr.**

Extrait de la Table des Matières. — Matières premières. — Analyses des gommes. — Résinates et linoléates. — Les dissolvants. — Huiles végétales. — Les Térébenthines. — La gemme. — Les résineux. — Fabrication des huiles siccatives. — Diverses cuissons. — Fabrication des vernis gras. — Analyse et essai des vernis. — Différents vernis à l'essence. Leur mode de fabrication. — Fabrication des vernis à l'alcool. — Les principaux vernis à l'alcool. — Vernis mixtes. — Vernis au caoutchouc. — Vernis à l'eau.

*Verrerie.*

**Douze leçons sur l'art de la verrerie,** par E. Péligot, suivies d'une note sur la peinture sur verre, par M. Salvetat, in-8° avec figures. — Prix. . . . . . . . . . . . . . . . . . . . . . . . 5 fr.

*Vinaigre.*

**Manuel pratique du Vinaigrier.** Méthodes nouvelles de fabrication du vinaigre, par Ch. Franche, ingénieur-chimiste. — Un beau volume in-16, nombreuses figures dans le texte (1901). — Prix . . 4 fr. 50

Extrait de la Table des Matières. — Acide acétique. — Propriétés générales. — Origine chimique de l'acide acétique. — Fermentation acétique. — Choix des liquides pour la fabrication du vinaigre. — Différentes méthodes : Méthode d'Orléans, Méthode Pasteur, Méthode anglaise, Nouvelles Méthodes, etc. — Propriétés, traitement, conservation, emmagasinage. — Essai et analyse du vinaigre. — Falsifications.

*Vins.*

**Manuel général des Vins** (Nouvelle édition revue et corrigée), par Édouard Robinet (d'Epernay).

Le manuel général des vins dont nous offrons une nouvelle édition au public est naturellement un livre indispensable, non seulement au public spécial, négociants en vins, viticulteurs, etc., mais encore à tous ceux qui possèdent une cave. Les connaissances spéciales, la longue expérience de l'auteur donnent au second volume une importance considérable, et nous ne craignons pas de dire qu'il n'est pas un seul fabricant de vins mousseux qui ne l'ait consulté avec fruit.

Le troisième volume forme un guide d'analyse des vins, mettant cette science si délicate à la portée de tous ; il complète la bibliothèque du négociant, du viticulteur et du simple particulier.

Trois beaux volumes in-16, de 1,366 pages et 136 figures. — Prix. . . 15 fr

*On vend séparément :*

Tome I^er^. — Vins rouges. — Vins blancs. — Vins artificiels. . . . . . . 5 fr.
Tome II. — Vins mousseux. — Champagnes. . . . . . . . . . . . . 5 fr.
Tome III. — Analyse des Vins. — Fermentation. — Falsifications. . . . . 5 fr.

**Note sur la fabrication des vins mousseux dans les pays chauds,** par E. Robinet, 1 vol. in-16, 32 pages. — Prix 1 fr. 50

*Vins.*

**Manuel de Pasteurisation des Vins et Traitement de leurs maladies,** par Frantz Malvezin, préface de G. Jacquemin, in-8°, 277 pages, 98 figures et 11 planches en couleur. — Prix. 7 fr. 50

**Traité de la Vigne et des Vins.** Traité complet, théorique et pratique de la vigne, de la vinification, de l'analyse et des falsifications, par Em. VIARD, chimiste, in 8°, 1892. — Prix . . . . . . . . . . . 15 fr.

**Sucrage des vendanges**, avec les sucres purs de cannes ou de betteraves, par M. DUBRUNFAUT, 3me édition. — Prix réduit. . . 1 fr. 50

**Vieillissement des Vins et Spiritueux**, par Frantz MALVEZIN. Prix . . . . . . . . . . . . . . . . . . . . . . . . . . . . . . 6 fr. 50

**Pasteuroxyfrigorie.** Nouveau traitement des vins pour les vieillir et les priver de tous dépôts, avec deux planches hors texte, par F. MALVEZIN.— Prix . . . . . . . . . . . . . . . . . . . . . . . . . . . . . 2 fr.

# ÉCOLE CENTRALE DES ARTS ET MANUFACTURES

## Portefeuille des travaux de vacances de l'Ecole centrale, publié par la direction de l'Ecole centrale

Les planches in-plano (55 × 70) sont cotées ; elles se vendent séparément au prix de 1 fr. la planche simple, 2 fr. la planche double. (Tout achat de 10 planches donne droit à 2 planches gratuites).

### DÉTAIL DES PLANCHES VENDUES SÉPARÉMENT :
**Constructions, Édifices, Halles, Hangars, Bâtiments divers**

**1-2.** École normale de filles à Epinal, 2 pl. 2 fr.
**3-4.** Asile commmunal, 4, rue de l'Eglise, à Paris. 2 pl. 2 fr.
**5.** Maison commune de Buxeuil (mairie et école), 1 pl. 1 fr.
**6-7.** Maison commune de Chelles (mairie et école), 2 pl. 2 fr.
**8.** Hôpital d'Abbeville (plans) 1 pl. 1 fr.
9-10. Maison d'arrêt et de correction pour hommes à St Michel (Hte-Garonne), 2 pl. 2 fr.
**12-13.** École des filles, rue Marie-Antoinette, à Montmartre, 2 pl. 2 fr.
16-17. Douane de Paris, bâtiment de la Manutention, 2 pl. 2 fr.
18. Châlet-gare à bateaux, élévation, coupes, etc., 1 pl. 1 fr.
21-22. Loggia Michel-Ange, à Florence, 2 pl. 2 fr.
23. Cité ouvrière du Havre. Groupe de deux maisons, 1 pl. 1 fr.
24-25-26. Palais Larderel, ensemble, détails, élévation, etc., 3 pl. 3 fr.
33-34-35. Ateliers de M. Baudet, à Argenteuil (Seine-et-Oise), 3 pl. 3 fr.
36. Colonne creuse supportant un entrait et servant de tuyau de descente, 1 pl. 1 fr.
37. Usine en construction, boulevard du Chemin-de-fer, à Orléans, 1 pl. 1 fr.
38. Exploitation agricole de Briante, charpente, hangar, silos, etc. 1 pl. 1 fr.
41-42. Halles de Rennes, façade, plan, coupes, etc., 2 pl. 2 fr.
43 Halle du marché à blé de St-Amand (Cher), 1 pl. 1 fr.
44-45-46-47-48-49. Halles couvertes de Niort, élévation, plan, coupes, etc., 6 pl. 6 fr.
185. Coupole du grand équatorial de Nice, 1 pl. 1 fr.
404-405. Château de Villersexel, façade, élévation, 2 pl. dont une double. 3 fr.
412. Ecole normale d'institutrices, façade, 1 pl. 1 fr.
440. Orphelinat Saint-Philippe, à Meudon, plans et coupes, 1 pl. double. 2 fr.
512-513. Propriété de M. Bosselut, à Charenton, 2 pl. 2 fr.

**Moteurs divers**

240-241. Machines Compound des *Hirondelles Parisiennes*, 2 pl. 2 fr.
242-243. Machine à vapeur Farcot Bède, pour le service des eaux d'égoût, à Asnières, 2 pl. 2 fr.

246-247. Machine à détente et à condensation, de 40 chev., 2 pl. 2 fr.

248. Machine de 20 chev., à condensation, détente Meyer, 1 pl. 1 fr.

249. Changement de marche d'une machine Brothehood, 1 pl. 1 fr.

258. Petit moteur domestique, système Lemielle, 1 pl. 1 fr.

### Moteurs hydrauliques, Compresseurs, Turbines, Pompes

256-257. Petit moteur hydraulique, système Schmidt, 2 pl. 2 fr.

298. Presse continue (système Flamant et Donfet), 1 pl. 1 fr.

454. Pompes foulantes pour l'accumulateur du pont Notre-Dame, 1 pl. 1 fr.

458-459. Moteur hydraulique pour cabestan de 5 tonnes, port du Havre, 2 pl. 2 fr.

469. Pompe Rittinger, 1 pl. d. 2 fr.

### Hauts fourneaux. — Fours. — Convertisseurs.

192-193. Fours Martin pour la production de l'acier, 2 pl. 2 fr.

194. Appareil de chargement d'un haut fourneau, à Pont-à-Mousson, 1 pl. 1 fr.

195. Four à puddler, système Pernot. 1 pl. 1 fr.

200-201-202. Ateliers des convertisseurs, aciéries de Denain, 3 pl. dont 2 doub. 5 fr.

203-204. Haut fourneau n° 5 à Anzin, coupes, plans, 2 pl. 2 fr.

205-206. Four à gaz avec récupérateur de chaleur, système Ponsard, forges du Razacle, 2 pl. 2 fr.

207-208. Four à puddler, de Maubeuge, 2 pl. 2 fr.

211. Fonte du fourneau de Port-Brillet (Mayenne), 1 pl. 1 fr.

212-213. Fonderie et laminoirs de Biache-Saint-Waast, désargentation des matières cuivreuses, four de grillage, procédé Ziervogel, 2 pl. 2 fr.

508-509. Convertisseurs Clapp et Griffiths, appareils de 2 tonnes, 2 pl. 2 fr.

510. Convertisseur Walrand, 1 pl. 1 fr.

### Appareils de levage et de pesage

265-266-267. Grue hydrostatique, bassin d'Anvers, 3 pl. 3 fr.

268. Treuil mécanique à air comprimé, usine de Blanzy, 1 pl. 1 fr.

269-270. Treuil roulant, usine de Montzeron, 2 pl. 2 fr.

271-272. Grue à vapeur par M. Muzey, à Auxerre, 2 pl. 2 fr.

436. Grue centrale des convertisseurs, aciérie Bessemer, 1 pl. 1 fr.

499. Grue à démouler, ateliers Bessemer d'Eston, 1 pl. 1 fr.

### Mines

158-159. Ventilateur de mines, système Lemielle, 2 pl. 2 fr.

160. Perforateur Darlington-Blanzy, 1 pl. 1 fr.

161. Machine d'extraction construite par Borsig, de Berlin, 1 pl. d. 2 fr.

162. Trainage mécanique, puits de la *Réussite*, à Anzin, 1 pl. 1 fr.

163. Mines de Sarre-et-Moselle, chantiers de l'Hôpital, 1 pl 1 fr.

164. Mines de Bruay, pompe d'épuisement, fosse n° 3, 1 pl. 1 fr.
251. Pompe d'épuisement des mines de Marles, 1 pl. double. 2 fr.
255. Machine à comprimer l'air, Marihaye (Belgique). 1 fr.
259. Pompe d'épuisement double, carrière des Fresnais, 1 pl. 1 fr.
418. Taquets hydrauliques et de secours des mines de Courrières, 1 pl. double. 2 fr.

## Machines-Outils à Métaux

278-279. Cisaille à queue, à vapeur, construite par Claparède, 2 pl. 2 fr.
280. Balancier à friction pour étampages et découpages, 1 pl. 1 fr.
413. Grand alésoir vertical des usines du Creusot, 1 pl double 2 fr.
507. Grande cisaille à tôles (usine d'Osnes), 1 pl. 1 fr.

## Installation d'usines

191. Usine à fabriquer les ressorts, 1 pl. 1 fr.
234. Hauts fourneaux, forges et laminoirs de M. Helson, à Hautmont, 1 pl. 1 fr.
236. Plan des usines de Liverdun, 1 pl. 1 fr.
421-422. Halle des Bessemer de l'aciérie d'Athus, 2 pl. 2 fr.
435. Puits de réchauffage des lingots de l'aciérie Bessemer, 1 pl. 1 fr.
478. Ateliers d'aiguiserie de M. Coldemberg, à la Hofmühl, 1 pl. 1 fr.
481. Cheminée en tôle du Creusot, 84 mètres, 1 pl. 1 fr.
506. Forges de l'Adour, plan d'ensemble, 1 pl. 1 fr.

## Outillage, Laminoirs, Marteaux pilons

165-166. Machine à agglomérer les briquettes de 5 kilogrammes, 2 pl. 2 fr.
219-220. Soufflerie à vapeur usine de Rans, 2 pl. 2 fr.
222. Machine défourneuse à vapeur pour fours à coke, fabriquée par Haurez, 1 pl. 1 fr.
223. Groupe de 2 cubilots, fonderie de Nevers, 1 pl. 1 fr.
224. Trains de laminoirs, forges et usines de Foix, 1 pl. 1 fr.
225-226. Laminoir de Pompey, élévation, détails, 2 pl. 2 fr.
227. Petit train de laminoir, forges de Pompey, 1 pl. 1 fr.
228. Comble de la halle de laminage des forges de Pompey, 1 pl. 1 fr.
230. Marteau-pilon à vapeur, 1 pl. 1 fr.
434. Machinerie hydraulique des accumulateurs, aciérie Bessemer, 1 pl., 1 fr.
519-520. Broyeur de Labrousse, plans, coupes et détails, 2 pl. dont 1 double, 3 fr

## Hydraulique fluviale et maritime. — Outillage

67-68. Port de la Pallice, coupe de la jetée, blocs de fondation, etc., 2 pl. 2 fr.
69-70. Barrage mobile de Sexey-aux-Forges, ensemble, détails, etc., 2 pl. 2 fr.
71 72-73. Barrage de Pose-s/-Seine, élévation, coupes, détails, etc., 3 pl. 3 fr.
74-75. Barrage de Villar (Espagne), sections, élévation, plans, etc., 2 pl. 2 fr.
76. Siphon du pont Morland, élévations, coupes, détails, 1 pl. 1 fr.
77-78. Canal de la Haute Savoie, écluse de 4 m. 426 de chute, 2 pl, 2 fr.

83-84-85. Estacade de Cadix, élévation plans, fonçages 1re pile, 3 pl 3 fr

87-88-89. Digue du port de Sacoa, détails de fondation. Appareil de descente des blocs de 20 mc. dans le port, plan du chantier des travaux 3 pl. 3 fr.

90-91-92. Port de Bayonne. Travaux d'amélioration de l'Adour; jetées et passerelles métalliques sur colonnes en fonte bétonnées, viaducs, voûtes, 3, 4, 5 du Sud, 3 pl. 3 fr.

414. Ascenseur des Fontinettes, élévations, coupes et détails, 1 pl. 1 fr.

429. Formes de radoub de St-Nazaire coupes et plans, 1 pl. 1 fr

437. Phare électrique de Planier, près Marseille, 1 pl. 1 fr

446-447. Porte-écluse du 9e bassin du Hâvre, ensemble et coupes, 2 pl. doubles. 4 fr

470-471-472. Ecluse de Bougival, plans, coupes, détails, machinerie, 3 pl. 3 fr.

484-485-486. Barrage et écluse de Pose-sur-Seine, 3 pl. 3 fr

487-488. Canal de Saint-Louis, écluse, 2 pl. 2 fr.

## Chemins de fer. Tramways. — Outillage.

136. Comble de la halle à voyageurs, station de Mulhouse, 1 pl. 1 fr.

137-138-139. Rotonde pour 30 locomotives, gare de Saintes, 3 pl. 3 fr

140. Mur d'Arria-Aundia, assainissement de la voie, traversée des Pyrénées, 1 pl. 1 fr.

142-143-144. Gare de Châlons-sur-Marne, remise pour 30 machines, 3 pl. 3 fr.

145. Station commerciale d'Anvers, ensemble d'une halle, 1 pl. 1 fr.

153-154-155. Tramways-omnibus. Remisage des voitures, dépôt de la Villette, 3 pl. 3 fr.

403. Type de hangar à marchandises, gare des Batignolles, 1 pl. 1 fr.

467-468. Grue hydraulique à col tournant pour l'alimentation des gares, 2 pl. 2 fr.

482-483. Porte d'une remise de locomotives, 2 pl. 2 fr.

514. Agrandissement du hangar des ateliers de la Villette (*planche double*), 1 pl. 2 fr.

## Usines à Gaz.

173-174-175-176. Gaz portatif, usine de Charonne, 4 pl. 4 fr.

177. Usine à gaz de la Villette, aspirateur anglais, 1 pl. 1 fr.

178. Gazomètre télescopique de l'usine de Versailles, 1 pl. 1 fr.

179-180. Usine à gaz d'Aniche, 2 pl. 2 fr.

181-182-183. Extracteur à gaz de l'usine de Passy, 3 pl. 3 fr.

184. Fours à gaz de l'usine de Reims (*planche double*), 1 pl. 2 fr.

186. Usine à gaz de Vervins, 1 pl. 1 fr.

187-188-189-190. Gazomètre de l'usine de Vaugirard, 4 pl. 4 fr.

496-497-498. Gazomètre télescopique de Reims, de vingt mille mètres cubes, plans, coupes et détails, 3 pl dont 1 double. 4 fr.

## Ponts et viaducs.

93. Pont provisoire de Poissy, élévation, plan, coupe, 1 pl. 1 fr.

94-95. Pont sur la Meuse à Namur, répartition des tôles pour la construction d'une poutre, etc., 2 pl. 2 fr.

96-97. Pont de Saint-Germain sur la Seine, plans, détails, etc., 2 pl. doubles. 4 fr.

98-99-100-101-102. Pont de Buda-Pesth, ensemble de l'échafaudage roulant pour visite et entretien, platelage, pont de service pour les 3me et 4me travées, distribution des efforts des tôles, etc., 5 pl. 5 fr.

103-104. Pont de Billancourt sur la Seine, élévation, plans, détails, etc. 2 pl. 2 fr.

**105**-106-107-108-109. Pont de Lavarsine, chemin de fer du Nord, plans, détails des poutres épure des moments fléchissants et des efforts tranchants, distribution des tôles des cornièr s 5 pl. 5 fr.

**110-111**. Pont du chemin de fer de Saint-Germain-sur-Meuse, élévation, coupe, plan, etc , 2 pl. 2 fr

**112**. Réparation du pont de Gien, charpente des cintres de la passerelle 1 pl. double. 2 fr

**113**. Pont provisoire en bois près Brugg élévation, coupes, 1 pl. 1 fr

**114**-115-116-117. Pont articulé, système américain, détails des travées, projections, etc., 4 pl. 4 fr.

**118**. Pont Victoria, sur la Tamise, à Londres, détails des fondations, 1 pl. 1 fr

**119-120**. Pont-roulant, élévations et coupes, 2 pl. 2 fr

**121**, Pont du Pecq, coupe et élévation des échafaudages, 1 pl. 1 fr.

**122**. Pont (en pierres) Antoinette sur l'Agoût, de 50 mètres d'ouverture. 1 pl. 1 fr

**130**-131. Pont tournant hydraulique 2 pl. 2 fr.

**132**-133. Pont de chemin de fer, sur le Rüpel, 2 pl. 2 fr.

**134**. Viaduc de Royat, construit en laves, 1 pl. 1 fr

146-147. Pont de Saumur, fonçage et mise en place d'un caisson, 2 pl. 2 fr.

150. Reconstruction des viaducs du Pecq, 1 pl. 1 fr.

273-274. Pont de Lavaur, plan, coupes, élévation, 2 pl. 2 fr.

430. Pont roulant du port de Saint-Nazaire, 1 pl. 1 fr.

431-432. Pont mobile de la Joliette, élévation et coupes, 2 pl. dont 1 double. 3 fr.

433. Pont sur la Seine, près de Conflans, élévation, coupes et plans, 1 pl. 1 fr.

456-457. Pont du chemin de fer, sur la Marne, à Vitry-le-François, 2 pl. 2 fr.

489. Passerelle provisoire à Rouen, plan, coupe, élévation, 1 pl. 1 fr.

490. Pont en pierre, sur le Loir, ligne de Vendôme, 1 pl. 1 fr.

## Sucreries, Féculeries, Minoteries.

283. Râpe de la féculerie de Louis et Kremer, à Tomblaine, près Nancy, 1 pl. 1 fr.

284-285-286. Râperie à deux tables de Juilly (Seine-et-Marne), élévation, plans, coupes, 3 pl. 3 fr.

293. Presse à vis ou table préparatoire pour sucreries, pelleteur, 1 pl. 1 fr.

294-295. Sucrerie du Quesnoy (Nord), plans, etc., 2 pl. 2 fr.

298. Presse continue, sytème Flament et Douflet, 1 pl. 1 fr.

300. Pompe à pulpe, système Flament et Doufilet, 1 pl. 1 fr.

438. Pompe à pulpe, distillerie Claudon, 1 pl. 1 fr.

439. Rape à betterave, distillerie Claudon, 1 pl. 1 fr.

449-451-453. Pompe à air d'un appareil à triple effet de la sucrerie d'Etrépagny, 3 pl. 3 fr.

## Distributions d'eau

50-51 Beffroi de 20 mètres pour réservoirs d'eau, gare de Tours 2 pl. 2 fr.

52-53. Distribution des eaux de Châlon-sur-Saône ; plans d'ensemble des pompes, etc., 2 pl. 2 fr.

54. Elévation d'eau de Laval ; plans d'ensemble des pompes, etc. 1 pl. 1 fr.

55-56-57. Distribution d'eau d'Orléans, plans, réservoirs, coupe, 3 pl. 3 fr.

58-59. Réservoir d'eau de St-Dizier, coupe, plan, 2 pl. 2 fr

## Filatures

423. Défibreurs de Rioupéroux, 1 pl. 1 fr.

## Scieries, Papeteries

81. Scie à recéper, 1 pl. 1 fr.

322-323. Scieries des Moulins Packam, à Eu (Seine-Inférieure), 2 pl. 2 fr.

324-325. Pile de Papeterie, élévation, coupes, plans, 2 pl. 2 fr.

326. Papeterie de M. Bonnemaison, à Saint-Martory (Haute-Garonne), 1 pl. double. 2 fr.

501-502-503. Papeterie du Theil, installation, machines, transmissions, 3 pl. dont une double. 4 fr.

## Transmissions

263. Transmissions du mouvement de la halle des outils, usine de Grafenstaden, 1 pl. 1 fr.

264. Appareil de tension de cable télédynamique, 1 pl. 1 fr

461-462-463. Appareils de transmission multiple avec désengageur circulaire. Plans, coupes, élévation et détails, 3 pl. dont 1 doub. 4 fr.

## Céramique, Verrerie, Chaux, Ciments

302. Machine américaine pour la fabrication des tuyaux à tulipe en terre cuite, ateliers Harvey et Adamson, 1 pl. 1 fr.

304-305-306-307-308. Presse à vapeur pour le moulage du verre, 5 pl. 5 fr.

309-310. Fours à chaux de Ville-sous-la-Ferté (Aube), 2 pl. 2 fr.

## Brasserie, Distillation, Produits chimiques

65-66. Installation de digesteurs, plan, élévation, 2 pl. dont 1 double 3 fr.

303. Machine américaine pour la fabrication des creusets en plombagine, 1 pl. 1 fr.

311-312-491-492-493. Brasserie Schneider, à Kœnigshoffen, plans, coupes des bâtiments et des chaudières, 5 pl. 5 fr.

313-314. Distillation des schistes bitumeux, installation des fours, 2 pl. 2 fr.

426. Causticateur Lespermont, 1 pl. 1 fr.

---

# BULLETIN DE SOUSCRIPTION

*Veuillez m'envoyer les ouvrages indiqués ci-dessous.*

........................................................................

........................................................................

........................................................................

*Ci-inclus, pour solde, un mandat postal de*

........................................................................

Nom ........................................................................

Qualité ........................................................................

Rue ........................................................................

Ville ........................................................................

Signature lisible :

**Avis important.** — Tous les ouvrages sont expédiés *franco* lorsque le montant est joint à la demande; dans le cas contraire, l'envoi est fait contre remboursement aux frais du destinataire.

*Voir page 26*, **Manuel de l'Ouvrier Mécanicien**

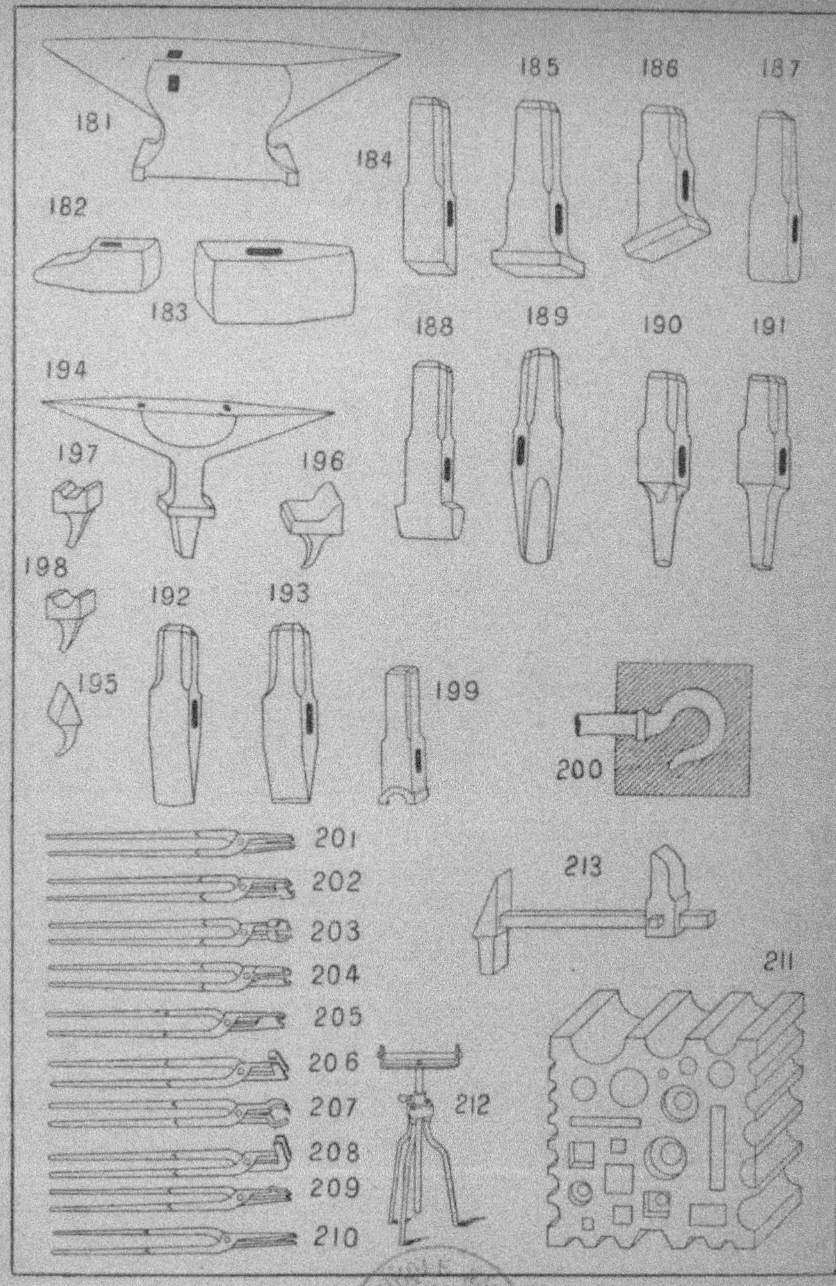


Spécimen des figures (vol. III, Forge).

2-06 445. — Paris. Typ. Morris père et fils, rue Amelot, 64.

www.ingramcontent.com/pod-product-compliance
Ingram Content Group UK Ltd.
Pitfield, Milton Keynes, MK11 3LW, UK
UKHW020557180726
13838UKWH00001B/288